KB081087

산만한 아이 집중력 키우는 법

산만한 아이 집중력 키우는 법

집중력 전문가의
4단계 집중력 향상
솔루션

한근영 지음

유노 라이프 LIFE

· 프롤로그 ·

산만한 우리 아이 집중력을 어떻게 키워야 할까?

많은 부모님이 아이가 산만해서 일상생활과 학습 시에 어려움을 겪는다고 상담실 문을 두드립니다. 주로 아이가 책상에 5분도 못 앉아 있고, 앉아 있어도 책상 위의 물건을 만지작거린다든지, 게임만 너무 해서 집중을 전혀 못한다고 합니다. 아이에게 무슨 말을 하면 아이가 집중하지 않아서 부모가 처음 의도한 것과는 다르게 이해하거나 말을 잘못 알아듣기도 한다고 하지요. 부모는 아이가 집에서뿐 아니라 학교에서도 생활 습관이 좋지 않다고 고민을 토로합니다.

아이들은 일반적으로 쉽게 주의가 분산되지만, 학업을 비롯해 일상생활에 지장이 있다면 문제이므로 집중력을 길러야 합니다. 집중력은 타고난 부분도 있고, 후천적으로 길러지는 부분도 있습니다. 병원과 상담실에서 산만하고 충동적이라는 이유로 만났던 아이들 중에 정말 산만함과 충동적인 증상만을 가진 아이들은 손에 꼽을 정도로 적었습니다. 문제는 주의 집중력이 충분히 길러질 수 있음에도 보호자들이 여러 이유로 방치하는 경우에 생깁니다.

산만한 아이들은 교실과 집에서 가만히 있지를 못하니 야단 맞는 일이 다반사이고, 그러면서 만들어진 분노나 우울, 불안을 마주하게 됩니다. 이런 정서적인 어려움은 아이의 산만함과 충동성을 더욱 가중시킵니다. 산만한 아이에게 부모를 포함한 다른 사람과의 교류와 상호작용은 즐거움과 행복을 느끼는 일이 아니라 질책과 거절의 연속입니다. 이로 인해 학습 부진과 부정적인 자기 개념은 덤으로 생깁니다.

관여보다는 정확한 피드백을 주려는 노력

몰입 연구의 대가인 미하이 칙센트미하이(Mihaly Csikszentmihalyi) 박사는 사람들이 몰입하기 위한 아주 간단 명료한 방법을 제시했습니다. 그것은 바로 '명확한 목표와 정확한 피드백'입니다. 부모가 자녀에게 알려 줄 중요한 인생의 목표와 가치는 학업을 수행하기 위한 기술, 칭찬이 아닌 정확한 피드백입니다.

그런데 생각보다 자녀에게 정확한 피드백을 주기 어렵습니다. 일상생활에서 부모가 먼저 자녀에게 좋은 모델이 되어 주면, 아이는 그런 부모의 모습을 자연스레 내면화합니다. 그러나 많은 부모가 직접적으로 관여부터 하지요.

이와 같은 학습 방법이나 기술의 전수를 '학습 관여'라고 부릅니다. 대개는 부모가 아이에게 "학교에서 선생님 말씀 잘 듣고, 수업 시간에 집중해라"로 시작하는 것이 기본적인 형태이지요. 부모가 적정하게 잘 알려 주면 아이들은 좀 더 수월하게 공부해야 할 이유와 방법을 배웁니다. 그런데 자칫 아이들 마음속에 정해진 '선'을 넘으면, 아이들은 마음의 문을 닫고 매우 수동적으로 변하기 쉽습니다. 반대로 완강하게 저항하기도 합니다. 그러니 직접적으로 학습에 관여하기보다 명확한 목표를 설정할 수 있게 돕고 정확한 피드백을 주어 집중력을 키워야겠지요.

아이를 잘 양육하기 위해서 부모는 최선을 다하지만 늘 최선의 결과로 이어지지 못할 때도 있습니다. 좌절감, 실망감, 무력감에 빠지기도 합니다. 아이에게 혹은 자기 자신에게 화를 내기도 합니다. 나의 부모가 내게 했던 상처가 되는 말과 행동을 아이에게 그대로 반복하기도 하지요.

아이를 훈육하는 과정에서 가장 중요한 것은 나의 부모와 완전히 다른 존재가 되기보다는, 부모가 물려준 영향에서 벗어나 고유한 개성을 가진 존재로서 나 자신과 자녀를 만나려는 노력입니다.

산만한 아이가 몰입형 아이가 될 수 있도록

건강한 부모는 아이가 내는 목소리를 잘 들을 수 있고, 부모의 의도가 거절되었다고 여길지라도 아이를 존중하고 수용하는 모습을 보입니다. 아이가 세상 속으로 나아가는 과정에서 경험하는 대화와 타협, 조절과 자기주장의 기술을 연마하는 수련의 장(場)을 만들어 주지요.

산만한 아이를 위해서는 부모가 아이의 행동과 아이가 놓이게 될 환경도 조절하려는 노력을 부단히 해야 하며, 아이의 산만하고 부산스러운 행동에 맞추어 동화하려는 노력을 해야 합니다.

이 책은 현장에서 만났던 부모님들과 자녀들의 사례와 제가 운영하는 몰입연구소의 학습 몰입 검사(LFT, Learning Flow Test)를 바탕으로 구성되었습니다. 1강에서 우리 아이가 산만한 이유를 알아보고, 2강에서는 집중력을 키우는 방법과 종류를 알아봅니다. 그리고 3강부터 6강까지 아이의 집중력을 키울 수 있는 4단계 솔루션을 담았습니다. 공부 습관부터 생활 습관, 마음 수업, 부모와 자녀의 관계 수업까지 집중릭을 키우기 위한 연결성을 더했습니다. 이 솔루션을 통해 아이의 집중력 향상에 직간접적으로 미치는 부모의 말과 행동에 대해서 좀 더 체계적이고 명확하게 알 수 있기를 바랍니다.

또한 산만한 우리 아이를 잘 이해하고, 맡은 일을 끝까지 해내는 몰입형 아이로 키우는 데 도움을 얻기를 바랍니다. 그리고 또 다른 인격의 주체인 아이와 함께 건강한 관계를 이룰 수 있기를 바랍니다. 부모가 해야 할 것을 하면, 아이들은 자신의 삶을 살아갑니다.

우리는 누구나 타인의 도움이 필요하며, 홀로 생존할 만큼 완벽한 조건으로 태어나지 못합니다. 더군다나 집중에 어려움이 있는 아이라면 더욱더 도움이 필요하고, 그 아이를 돌보는 부모는 더 세련되고, 효율적인 방법을 배우고 아이의 집중력이 자랄 수 있도록 도움을 줘야 합니다. 부모가 되어 내 아이를 위해 무언가 할 수 있다는 사실은 그 자체만으로도 가치 있는 일이지요. 그것을 넘어서 아이의 행복한 미래를 위해 집중력을 길러 줄 수 있다면 기쁜 일일 것입니다.

개인적으로 이 책을 쓰면서 심리 평가와 상담, 부모 교육을 하면서 만난 부모와 아이들에게 배운 여러 가지 감정과 경험을 시간차를 두고 다시 돌아볼 수 있었습니다. 그 결과를 독자들과 나눌 수 있어 기쁜 마음입니다. 이 책에서 구체적이고 다양한 기술을 얻기를 바랍니다. 이 책의 중요한 길목마다 경험에서 우러나오는 진지한 질문과 고민을 던져 준 이미나, 서수연, 김은희 선생님에게 감사의 말을 전합니다.

한국몰입연구소장, 임상심리전문가
한근영

차례

2강

"집중력은 반드시 초등 시기에 잡아야 한다"

몰입 유형

3강

집중력 향상 1단계 "성적 향상을 위한 집중력 전략!"

공부 습관

4강

집중력 향상 2단계
"집중력은 올바른 생활 습관에서 나온다"

생활 습관

5강

집중력 향상 3단계
"회복탄력성이 높아야 집중력이 좋다"

마음 습관

6강

집중력 향상 4단계
"몰입하는 부모, 집중하는 아이"

관계 수업

1강

"지금 우리 아이의 집중력 상태는?"

산만함 이해하기

1강에서는 가장 먼저 우리 아이의 산만함에 대해서 이해합니다. 산만한 아이의 집중력을 길러 주려면 우선 산만함의 원인과 유형부터 파악해야 합니다. 초등학교 입학 후 아이들은 급격한 환경의 변화를 맞이합니다. 이는 아이가 더욱 산만해지는 원인이 되지요. 이 시기에 집중력을 길러 주지 않으면, 아이의 학습 능력뿐 아니라 삶 전반에도 영향을 미칩니다.

혹시 우리 아이가 ADHD는 아닌지 걱정된다면, ADHD의 유형과 치료법에 대해 알 수 있습니다. 그 외에도 게임할 때는 불러도 못 듣는 아이, 좋아하는 일만 하려고 하는 아이, 좋아하던 일을 갑자기 싫증내는 아이 등 다양한 사례를 살펴봅니다.

이를 통해 게임 중독 문제를 해결할 수 있는 '주의전환능력', 좋아하는 일에만 몰입하는 '선택적 주의집중력'을 이해할 수 있길 바랍니다.

초등학생이 되어
더 산만해진 것 같아요

"초등학생이 되고 나서 아이 행동이 더욱 산만해졌는데 어떻게 해야 할까요?" 하는 질문과 "작년까지는 이 정도는 아니었는데, 왜 이러는 것이지요?" 하는 질문을 자주 받습니다. 혹시 우리 아이가 ADHD는 아닐지 걱정하기도 합니다.

초등학교 입학 후, 아이들은 갑작스러운 환경 변화를 맞이합니다. 요구되는 행동들이 갑작스럽게 늘어나고 복잡해져서 일상생활에서의 과제를 효율적으로 처리하지 못하거나, 반 아이들과 선생님이 바뀌면서 변화된 환경 적응에 어려움을 겪는 것이지요.

아이가 초등학생이 되면 커다란 학교 건물에서 교실과 화

장실을 스스로 찾아다녀야 합니다. 정해진 시간에 정해진 곳으로 가야 하고, 수업 시간에 오랫동안 앉아서 수업도 들어야 하고, 알림장을 적어야 하고, 글씨도 써야 합니다. 또 좋든 싫든 친구들과 어울려야 하고, 담임 선생님이 마음에 들든 아니든 잘 지내야 합니다. 이런 스트레스가 모두 아이를 산만하게 만드는 원인으로 작용합니다. 한꺼번에 너무 급격한 변화가 일어나면, 어른도 혼란스러워지고 집중력이 떨어지는데 아이는 더욱 그렇겠지요.

산만한 우리 아이,
혹시 ADHD?

아이들이 유치원에서 지낼 때는 놀이와 학습 시간이 유연해서 좀 더 자유롭게 행동할 수 있었지요. 반면에 초등학교에서는 수업 시간이 정해져 있고 책상 앞에 앉아 있는 시간이 상대적으로 길기 때문에 아이들이 견디기 힘들 수 있습니다. 특히 어린이집이나 유치원 같은 원생 대비 교사 비율이 낮은 상황이나 소수의 또래와 함께 생활하다가(아동 5~6명당 교사 1인), 한 학급당 적어도 15명, 많게는 25명 정도로 늘어나면서 그 산만함이 더욱 눈에 띄게 되는 것이지요.

입학 후 산만함이 더욱 두드러지는 아이의 경우, 대개 유치원과 어린이집에서도 친구들과 갈등을 일으키거나 담당 선생님의 지시를 따르는 데 어려움이 있었던 경우입니다. 사실 일부 아이들은 부주의한 성향과 함께 겉으로 보이는 활동 수준이 높아서, 바로 눈에 띄므로 문제 상황이 그만큼 빨리 발견되기도 합니다.

그런데 얌전해 보이지만 부주의한 '조용한 ADHD'라고 불리는 아이들이 있습니다. 이런 아이들은 시간이 한참 흐른 뒤에야 발견되어 치료 시기를 놓치기도 합니다. 특히 ADHD임에도 기억력이나 연산 능력이 뛰어나고 지능도 높다면, 산만하고 부주의한 증상을 뛰어난 지적 능력이 보완하게 되지요. 그러면 증상의 발견이 더더욱 느려집니다.

내 아이는 어떤 상태인지 생각하면서 아래의 척도에 응답해 보세요.

아래에 있는 항목들은 지난 일주일 동안의 아이의 상태에 대한 질문입니다. 그와 같은 일이 지난 일주일 동안 얼마나 자주 일어났는지 생각해 보면서 답변해 주십시오.	1일 이하 → 극히 드물다	1~2일 → 가끔 있었다	3~4일 → 종종 있었다	5일 이상 → 대부분 그랬다
1. 말을 너무 많이 한다.	1	2	3	4
2. 자기 순서를 기다리지 못한다.	1	2	3	4
3. 질문을 끝까지 듣지 않고 대답한다.	1	2	3	4

4. 다른 사람을 방해하고 간섭한다.	1	2	3	4
5. 외부 자극에 의해 쉽게 산만해진다.	1	2	3	4
6. 상황에 맞지 않게 과도하게 뛰어다니거나 기어오른다.	1	2	3	4
7. 지시에 따라서 학업이나 집안일이나 자신이 해야 할 일을 끝마치지 못한다.	1	2	3	4
8. 조용히 하는 놀이나 오락 활동에 참여하는 데 어려움이 있다.	1	2	3	4
9. 과제나 활동을 체계적으로 할 때 어려움이 있다.	1	2	3	4
10. 항상 끊임없이 움직이거나 마치 모터가 달려서 움직이는 것처럼 행동한다.	1	2	3	4
11. 공부나 숙제 등, 지속적으로 정신적 노력이 필요한 일이나 활동을 피하거나 싫어하거나 또는 하기를 꺼려한다.	1	2	3	4
12. 학교 수업이나 일, 혹은 다른 활동을 할 때 주의 집중을 하지 않고 부주의해서 실수를 많이 한다.	1	2	3	4
13. 과제나 활동을 하는 데 필요한 것(장난감, 숙제, 연필 등)을 잃어버린다.	1	2	3	4
14. 과제나 놀이를 할 때 지속적으로 주의 집중하는 데 어려움이 있다.	1	2	3	4
15. 다른 사람이 직접 이야기할 때도 잘 귀 기울여 듣지 않는 것처럼 보인다.	1	2	3	4
16. 가만히 앉아 있지를 못하고 손발을 계속 움직이거나 몸을 꿈틀거린다.	1	2	3	4
17. 일상적인 활동을 잊어버린다(예: 숙제를 잊어버리거나 준비물을 두고 학교에 감).	1	2	3	4
18. 수업 시간이나 가만히 앉아 있어야 하는 상황에서 자리에서 일어나 돌아다닌다.	1	2	3	4

계
● 총점이 부모 평가 18점 이하, 교사 평가 16점 이하일 경우 크게 문제될 것이 없습니다. 그러나 아동은 성장기에 급속한 변화를 보일 수 있으므로 추후에도 자녀의 성장에 많은 관심을 부탁드립니다. ADHD에 관한 더 자세한 내용을 원하시는 분은 www.adhd.or.kr를 참조하세요. ● 총점이 부모 평가 19점 이상, 교사 평가 17점 이상일 경우 주의력결핍 및 과잉행동장애일 가능성이 있습니다. 주의력결핍 과잉행동장애 문제는 성장하면서 자연스럽게 좋아질 수도 있으나 많은 경우 학습이나 또래 혹은 형제들과의 관계에서 다양한 문제가 발생할 소지가 있으므로 정확한 진단을 위해 전문가와 상담해 보는 것이 좋습니다.

위의 표는 정신장애의 진단 기준이 포함되어 있는 정신장애의 진단 및 통계편람 5판(DSM-5)의 ADHD 진단 기준을 척도로 변환해 놓은 것입니다. 설령 점수가 위의 기준보다 낮다고 하더라도 일상생활에서 지장이 많이 생기는 중이라면 전문가의 도움이 꼭 필요합니다. 치료를 빨리 시작할수록, 이르면 이를수록 좋습니다.

산만한 아이,
치료 시기가 중요하다

산만하고 충동적인 아이들의 치료 시기가 중요한 이유는 무엇일까요? 바로, 초등학교에 입학하여 집중하지 못하고 학교 공부를 따라가지 못하면 점차적으로 학습 부진이 누적되기 때문입니다. 대개 초등학교 1학년 담임 선생님들은 아이들이 입학하면 한 달가량 지켜보다가 조심스럽게 부모에게 진단을 권유하기도 합니다. 그러니 소아정신과는 4~5월 즈음에 많이 바빠지게 되지요. 병원에서는 주로 초진, 심리평가, 약물치료나 놀이치료 순으로 진행이 되며, 상담실에서는 약물치료가 빠진 채로 진행되기도 합니다.

아이가 집중을 못 해서 교과 진도를 못 따라가는 경우, 아이는 자신감을 잃고 해낼 수 있다는 믿음이 적습니다. 그러면 자신의 능력 내에서 할 수 있는 일이어도 쉬이 포기해서 결국은 하지 못하고 말지요. 이렇게 자신의 능력으로 할 수 있는 일을 시도조차 하지 않고 포기하는 일이 점점 쌓이면, '안 하게 되는 일'이 모여서, 결국 '못하게 되는' 상황에 놓이게 됩니다.

아이가 산만하거나 부주의한 원인을 찾는 일은 매우 중요합니다. 아이가 산만하거나 부주의한 원인이 주의 집중력이 손상된 것인지 인지 기능의 비효율인지 찾아내야 합니다.

'인지 기능의 비효율'이란, 지적 능력이 고르게 발휘되지 못할 만한 여건들이 형성되어 자신이 보유한 능력을 최대한 발휘하지 못하는 것을 말합니다. 예를 들어 한 사람의 지적 능력 중에서 특정 영역은 뛰어나지만 그에 반해 다른 지적 능력은 현저히 낮으면, 이런 하위 영역의 차이 때문에 보유한 지적 능력을 최대한으로 발휘하지 못합니다. 원인이 우울감이나 불안감 같은 정서적 고통에서 비롯되었는지 아닌지 정확하게 찾아야 합니다. 이를 위해서는 지능에 대한 검사와 평가가 반드시 필요합니다.

산만한 아이와 ADHD 아이는 어떻게 구분할까?

지능에는 시공간적 능력이나 언어 이해 및 표현력, 주의 집중력, 연속 과제 수행 능력 등 다양한 요소가 포함되어 있습니다. 학령기 아이들에게 지능 검사를 꼭 한 번만 받아보라고 한다면, 특별한 장애가 없는 경우에 한하여 초등학교 1학년이 좋습니다. 이전의 교육과는 다른 시스템에 진입할 뿐만 아니라, 본격적인 학교 교육이 시작되니 아이의 인지적 장단점을 알아보는 것이 필요하기 때문입니다.

지능 검사는 초등학생 연령이라면 2022년을 기준으로 최신판이 K-WISC-V(아동용 웩슬러 지능검사 5판)입니다. 이 버전의 지능 검사를 실시하는 기관에서 받으시길 권합니다.

주의력결핍과잉행동장애(ADHD) 아동과 산만한 아동을 구분하는 방법 중의 하나는 ADHD 아동들은 대개는 언제나 늘, 지속적으로 움지럭거리고 가만히 있기 어려워한다는 점입니다. 반면 산만한 아이들의 경우에는 자신이 민감하게 받아들이는 상황에서 특히 주의가 분산되는 경향이 있지요. 물론 이런 구분 방법이 늘 유효하지는 않습니다. ADHD 아동들도 자신이 좋아하는 게임이나 놀이를 할 때, 언뜻 집중력을 잘 발휘하는 것처럼 보이기도 하니까요. 또 실제로 일정 기간 집중력을 발휘하기도 합니다. 다만 이러한 경우일지라도 선생님이나 주변 사람이 다른 행동을 할 것을 요구할 때 수월하게 주의가 전환되는지 함께 살펴보는 것이 중요합니다. 왜냐하면 한 가지만 고집스럽게 지속하는 것 역시, 주의전환능력이 제대로 발휘되지 못하는 ADHD의 또 다른 증상 중 하나이니까요.

변화에 예민한 아이와 금세 싫증내는 아이

초등학교 입학 후에 산만해지는 모습을 보이더라도 ADHD로 진단되지 않는 아이들도 있습니다. 입학 후 3개월 혹은 학년이 바뀐 이후 3개월 이내에 불안, 우울과 같은 감정적 증상이나 부주의한 행동이나 산만한 행동, 등교 거부 등의 문제 행동을 보이는 경우는 '적응 장애'의 가능성도 생각해 보아야 합니다. 적응 장애로 진단받는 경우는 대개 입학한 후 3개월 이내에 발생합니다. 어느 정도 스트레스가 가라앉은 6개월 이내에 여러 증상도 사라지니, 한 학기 정도는 두고 봐야할 때도 있습니다. 적응 장애는 아동의 경우, 성별을 불문하고 비슷한 비율로 나타날 수 있습니다.

뚜렷한 스트레스가 없었는데 아이가 산만한 모습을 보이는 경우에도 기질적으로 예민한 아이인지를 살펴야 합니다. 아이들 중에 외부 자극에 대한 변화에 매우 민감하게 반응하면서 사소한 변화도 싫어하는 기질을 타고나는 경우가 있습니다. 처음 가는 낯선 곳에서 어디에 무엇이 있는지 두리번거리는 마음을 경험하는 것이지요. 새롭고 낯선 장면에서 긴장하거나 불안해지면서 집중력이 저하됩니다. 이 경우는 별도의 큰 사건이 생기지만 않으면 점차 학교생활에 적응하면서 안정이 되기도 합니다.

이와 달리 기질적으로 새롭고 낯선 자극에 쉬이 더 흥분하고 즐거움을 추구하는 아이도 있습니다. 새 학기의 새롭고 낯선 자극에 흥분하거나 또는 학교에 어느 정도 익숙해지면 지루해져서 재미있는 것을 찾게 되면서 산만해지는 경우도 있습니다. 어떤 때는 잘 집중하는 듯하다가 그렇지 못한 상반된 모습이 동시에 나타나기도 하지요. 학기 초에는 활발하다가 일정 기간이 지나면서 오히려 집중력이 떨어지는 경우입니다. 아이의 피로도나 지루함이 집중력을 저하시키는 경우도 있고, 같은 놀이나 학습, 여러 가지 활동을 하다가도 갑자기 집중력이 떨어지거나 변덕스러워질 때가 있습니다.

부모의 세심함이 아이의 집중력을 좌우한다

아이의 집중력 저하는 부모가 민감함과 섬세함을 발휘하면 좀 더 빨리 알아차릴 수 있습니다. 아이가 도대체 어떤 이유로 집중력이 흐트러지는지 잘 알아차려 주세요. 아침, 점심, 저녁 중 특히 언제 주의가 분산되는지, 일주일 중에서 어떤 요일, 주초나 주말에 집중력이 떨어지는지를 관찰해 볼 수도 있겠지요. 또 어떤 과목이나 활동을 하는 도중이나 마친 이후에 집중력이 저하되는지 세심하게 살피고, 그에 맞게 행동을 조정해 주어야 합니다.

병원이나 상담실을 찾아 효율적인 도움을 받는 것이 가장 좋긴 합니다만, 여러 이유로 상황이 여의치 않거나 내키지 않을 수도 있습니다. 이때는 최소 한두 달은 기다리는 '전략적 인내'가 필요합니다.

전략적 인내라고 말씀드리는 이유는, 그냥 막연히 참다 보면 부모도 사람인지라 불안해집니다. 결국은 화를 내게 되어 아이와의 관계가 악화되고, 부모와 아이 모두에게 힘든 상황이 올 수도 있습니다. '언제까지 이런 행동이 나타나면 치료기관에 가겠다'라는 다짐, 그전까지 '원인을 파악해 보고, 이렇게 해 봐야지'라는 접근법이 필요한 것이지요.

부모도 명백한 한계를 가진 사람들입니다. 아무리 노력을 해도 아이들의 마음을 알기 어려울 때가 있지요. 이때 억지로 아는 척하거나 방법을 알려 주기보다는 잠시 아이와 같이 쉬는 것이 꼭 필요합니다. 아이에게 물어도, 정작 아이가 자신의 마음을 잘 모르거나 알아도 어떻게 표현해야 할지 모를 수도 있습니다. 또는 알아도 알려 주고 싶어 하지 않는 경우도 있는데, 때에 따라서는 이런 마음도 존중해 주어야 합니다. 다만 한두 달이 지나도 적응 문제가 계속된다면 반드시 전문가의 도움을 받을 것을 권합니다.

—

게임할 때 부르면 못 들어요

아이의 게임 관련 문제로 상담실을 찾는 부모가 많습니다. 이때 가장 많이 듣는 말 중 하나가 "게임할 때는 아이가 일부러 못 듣는 척하는 건지, 정말로 안 들리는 건지 모르겠어요" 입니다. 아이가 게임에 지나치게 몰두하는 상황에서는 부모의 말을 건성으로 듣거나, 심지어는 정말 못 듣기도 하지요. 아이를 억지로 잡아다 앉혀 놓고 밥을 먹이거나 숙제를 시킨다고 하더라도, 여전히 미련이 남아 몸만 앉아 있고 게임에 온 신경이 집중되기도 합니다. 게임은 시각과 청각을 지배하는 아주 강력한 자극이거든요.

무언가를 하다가도 다른 자극이 들어오면 그만두고 전환할 수 있는 능력을 '주의전환능력'이라고 합니다. 다른 상황으로 관심을 돌릴 수 있는 중요한 주의 집중력의 한 부분인 동시에 안정적으로 유지되는 성격적 경향이기 때문에 단번에 바꾸기는 매우 어렵습니다.

특히 게임처럼 즐겁고 짜릿한 활동이면, 아이는 게임의 즐거움을 능가하는 다른 활동이 아닌 이상 주의를 돌리고 싶지 않아 합니다. 그러니 아이가 평소 게임 이외의 다양한 활동과 경험을 아이가 쌓도록 하는 것이 꼭 필요합니다. 그래야 세상에는 게임 말고도 다양한 재미있는 일이 많다고 느끼고, 게임이 재미있는 일 중 최고가 아니라는 사실을 알게 되니까요.

아이가 지킬 수 있는 규칙 정하는 법

아이가 게임을 하기로 한 시간을 어기면, 약속을 지키지 않는다는 생각에 부모 속이 부글부글 끓지요. 목소리에 점점 감정이 실리고 결국 화를 내게 됩니다. 부모가 화를 내면 아이는 어떨까요? 이미 재미있게 하던 게임에 방해를 받은 데다 화내는 목소리 때문에 아이도 감정이 상했을 것입니다. 그러니 게임에 몰두하는 아이를 그냥 중단하게 만드는 상황은 거의 불가능합니다. 그렇다면 게임을 할 때마다 꼭 부모가 아이를 불러서 제지해야 할까요? 아이가 알아서 자제하고 스스로 조절하도록 할 수는 없을까요?

생각해 보면 어른도 메시지나 전화로 수다를 떨거나 유튜브나 쇼핑 앱에서 손을 떼기 어렵습니다. 그런데 아이는 어른보다 자제력이 약하고, 대처할 수 있는 자원도 부족하지요. 어른이 되어 자제력을 발휘하기 위해서는 어렸을 때부터 자제력을 키워야 합니다. 특히 스마트폰이나 게임처럼 중독되기 쉬운 매체는 조절하여 사용하는 방법을 알려 줘야 합니다. 이때 스마트폰과 게임을 조절하는 방법을 알려 주는 것뿐만 아니라, 이를 대체할 대안 행동의 목록을 늘리고 함께 하는 것이 부모가 해야 할 일입니다.

다음의 질문들을 한번 생각해 보세요.

나는 아이와 충분한 시간을 보내고 있다.	예	아니오
아이가 나와 보내는 시간을 좋아한다.	예	아니오
나는 스마트폰이나 게임 이외의 다양한 활동을 하고 있다.	예	아니오
게임이나 스마트폰을 사용하지 않고, 아이와 놀 수 있다.	예	아니오
내가 아이와 스마트폰, 게임하기로 한 시간을 지켜보거나 관리할 수 있다.	예	아니오
내가 제지했을 때, 아이가 내 말을 잘 듣는다.	예	아니오

위의 문항 중에서 두 개 이상 '아니오'에 표시했다면 아이와 갈등을 빚고 있을 가능성이 높습니다. 부모가 아이와 보내는 시간을 좋아하고, 아이와 충분한 시간을 함께 보내고 있다면, 아이는 스마트폰 이외에도 다양하고 재미있는 활동을 할 수 있습니다.

아이와 어느 정도 스마트폰을 사용하기로 정했다면 부모가 부재한 상황에서가 아니라, 부모가 반드시 관리 감독해야 하는 상황이어야 합니다.

예를 들어 스마트폰 사용이나 게임 시간을 정할 때 게임 한 판이 45분이라는 일정 시간이 정해져 있는 경우, 대략 그 시간에 맞추는 것이 좋습니다. 유튜브 시청이나 기타 다른 활동들은 수업 시간을 기준으로 잡고 대략 40~50분 이후에는 반드시 휴식을 취할 수 있도록 하는 것이 좋습니다.

다만, 스마트폰과 게임에 관해 현재 가정 내에서 만들어진 '약속'이나 '규칙'이 부모의 일방적인 통보는 아닌지 먼저 생각해 보세요. 설령 아이가 부모가 정한 규칙에 동의했다고 하더라도 세 번 이상 이행하지 않는다면, 그건 안 하는 것보다는 못 하는 것에 더 가깝습니다. 아이도 따르기 어렵기에 별도의 조치가 필요한 상황인 것이지요.

밤새 스마트폰만 붙잡고 있는 아이

2020년 8월 14일부터 2개월 동안 전국 만 3~9세 2,161명을 대상으로 텔레비전, 스마트폰, 태블릿 PC, 컴퓨터 등 4대 매체 이용 시간 조사를 실시했습니다. 이에 따르면, 우리나라 어린이는 하루 평균 284.6분(4시간 45분) 동안 미디어를 이용하는 것으로 집계됐습니다.

특히 만 3~4세 유아의 미디어 이용 시간은 4시간 8분으로 세계보건기구(WHO)의 권고 기준인 하루 1시간보다 4배 이상 더 많다고 나타났습니다. 미디어 매체별로 살펴보면 텔레비전을 무려 129.8분, 하루 평균 2시간 이상 시청하고 있는 것으로 나타났습니다. 그다음으로 스마트폰 80.9분, 태블릿 PC 48.3분, 컴퓨터 25.6분으로 뒤를 이었습니다. 아이들이 적게는 4시간, 많게는 7~8시간까지 다양하게 미디어를 이용하는 상황입니다.

사실 스마트폰 사용 자체는 그다지 문제가 되지 않습니다. 다만 사용 시간이 얼마나 많은지, 또 그 많은 사용이 일상생활에 얼마나 방해가 되는지가 중요합니다.

잠시도 스마트폰을 놓지 못하는 아이가 상담실에 왔습니다. 아이는 아주 어려서부터 태블릿 PC로 세상을 접하고, 그

것 외에는 즐거움을 찾지 못했습니다. 처음에는 엄마 아빠가 편하게 밥을 먹자고 아이에게 스마트폰을 쥐어주면서 시작되었습니다. 부모가 아이와 놀아 주지 못하거나, 신경을 쓰지 못하고 아이에게 집중하지 못하는 상황에서 스마트폰은 아주 요긴하게 사용되었지요.

아이가 학교에 가고 학원이나 여러 활동을 시작하면서 부모는 아이에게 자연스레 스마트폰을 개통해 주었습니다. 처음에는 아이가 사용 시간을 어기면 스마트폰을 빼앗거나 제한하겠다는 엄포가 통했지만, 점점 한계에 도달하게 되었습니다. 아이는 쉬는 시간에만 스마트폰을 사용하다가 엄마의 눈을 피해 사용하고, 맞벌이하는 부모가 늦게 오면서 점점 밤늦게까지 손에서 놓지 못했지요. 또래들의 단체 채팅방에서 소외되면 안 될 것 같으니, 어디서든 스마트폰은 놓지 못했습니다.

아이는 반복적으로 약속을 어겼습니다. 부모 입장에서는 화가 나고, 아이 입장에서는 혼나기 싫으니 거짓말을 했지요. 그러나 거짓말이 들통나면서 결국은 부모와 아이의 관계가 악화된 사례였습니다.

간혹 아이와 스마트폰 사용 시간을 협상하는 과정에서 주중에는 아예 못하게 하고, 주말에는 '한번 하고 싶은 대로 해봐라' 하는 경우를 봅니다. 일주일 중 5일은 공부를 하고, 1~2

일만 자유 시간을 보낼 수 있으니 그럴듯한 방법처럼 보이지요. 그런데 그다지 좋은 방법은 아닙니다.

부모는 아이가 평소 일어나는 것처럼 일요일이나 공휴일 오전 8~9시에 기상해서 밥은 먹고 게임을 할 것이라고 생각합니다. 그런데 아이들은 늘 예상을 뛰어넘는 행동을 보입니다. 자유 시간이라고 마음 놓고 오전 6시에 일어나서 끼니도 거른 채 밤 10시까지 하는 것이지요. 그렇게 긴 시간을 게임이나 유튜브에 몰두하다 보면, 이후에는 1~2시간 게임을 하면 너무 적게 느껴지게 됩니다.

부모의 지시 방법이 잘못되었든, 아이의 욕구가 비정상적으로 커져 있든 조치가 필요한 상황임은 분명합니다. 장기간의 노력이 요구되는 아이와의 관계 개선에 앞서 시도할 수 있는 방법을 알려 드리겠습니다. 당장 아이들이 게임하느라 부모가 부르는 소리를 못 듣거나 지키지 않을 때는 다음의 절차를 거쳐 보세요.

1. 약속한 시간이 되었을 때 아이를 한 번만 부르세요. 이후에는 다가가서 신체 접촉을 통해 주의를 끌어 보세요. 물론 아이가 부모의 신체 접촉에 화들짝 놀라면 하지 않는 것이 좋습니다. 부모의 감정이 격해져 있거나 집안일을 하는 등 어떤 작업을 하던 중이라서 아이에게 다가갈

만한 상황이 아닐 수도 있습니다. 이런 경우라면 위기 상황을 제외하고는 아이에게 소리를 지르거나 화내지 않는 것이 좋습니다.

2. 부를 때 세 번 이상 부르지 말고, 소리를 지르지 않습니다. 소리를 지르면 목소리에서 느껴지는 감정에 반응하면서 아이의 감정도 상하게 됩니다. 부모와 아이가 서로 화를 낼 수밖에 없지요. 평소와 다르게 아이가 심하게 짜증을 부리면, 거기에 맞대응하여 서로 감정이 상하기 전에 아이의 상태를 먼저 살피는 것이 필요합니다.
3. 설령 아이에게 화를 버럭 냈다고 하더라도, 이후에 관계 개선을 위한 노력은 부모의 몫입니다. 이때 관계 개선은 비난으로는 절대로 이루어지지 않습니다. 야단친 이후에 다시 비난을 시작하면 아이와 관계를 개선할 수 있는 기회는 줄어듭니다. 그러니 아이가 이야기할 수 있는 상황인지, 화가 나 있는지를 먼저 묻고 이야기하기 싫다고 하면 어쩔 수 없는 일이지요. 부모의 마음과 아이의 마음이 풀리도록 때를 기다리는 것이 좋습니다(단 대화를 하지 않고 게임을 마저 하려 한다면 게임은 할 수 없는 상황이 되어야겠지요).
4. 정해진 약속 시간을 어긴 아이에게 부모가 화를 내고 나서, 아이에게 미안하거나 뭔가 잘못한 듯한 느낌이 드는

경우가 있습니다. 그럴 때 부모의 어린 시절에서 형성된 경험이 현재 나와 아이와의 관계까지 영향을 미치고 있는지 확인해야 합니다.

5. 겉으로 보기에는 자신의 과거와 지금이 별로 공통점이 없어 보일 수도 있지만, 유사한 갈등 상황에서 내 부모는 나에게 어떻게 했는지, 그때 내 감정은 어땠는지 되짚어 보세요. 이런 과거의 기억과 감정이 현재 나와 아이의 관계에서 다시 반복되는지 아닌지 생각해 보아야 할 때입니다. 내 부모와의 문제는 내 부모와 풀어야 할 문제입니다. 우리 아이와 나의 문제와는 분리해서 보아야 합니다.

싫어하는 일은 절대 안 하려고 해요

공부는 조금만 해도 몸을 비비 틀면서, 자신이 좋아하는 활동은 몇 시간씩 집중하는 아이들이 있습니다. 레고 같은 것은 앉은 자리에서 2~3시간씩 하면서, 학습지나 문제지를 시키면 10분도 못 앉아 있지요. 이런 아이는 공부를 할 때도 자기가 흥미 있는 과목만 하려고 하기도 합니다.

아이가 의도하는 일에 초점을 맞추는 현상을 '선택적 주의 집중력'이라고 부릅니다. 컴퓨터 게임은 엄청 열심히 하고, 자신이 좋아하는 활동은 열심히 노력하지만, 어떤 때는 불러도 꿈쩍 않고 말도 안 듣는 경우를 자주 봅니다.

아이가 게임에 빠지는 '진짜' 이유

어른이든 아이든 집중하려면 '동기'와 '욕구'가 필요합니다. 아이들이 동기와 욕구를 가지고 집중하는 일은 앞으로 세상을 살면서 꼭 필요한 일입니다. 그런데 부모는 아이가 좋아하는 어떤 활동에만 지나치게 몰두하면, 겁이 덜컥 날 때가 있습니다. 심지어는 공부를 잘하기를 바라면서도 아이가 한 과목만 너무 좋아하면, '저것만 좋아하면 어쩌지?', '딴것도 시키는 게 좋지 않을까?' 하고 고민합니다. 부모 입장에서는 '아이를 위해서 이것이 최선일까?' 하는 끊임없는 불안감이 찾아옵니다. 아이가 계속하도록 두는 것은 많은 인내와 노력이 필요합니다.

아이들이 게임이나 특정 행동에 선택적으로 몰두할 때 생각해 볼 것이 있습니다. 첫째, 아이가 그 행동을 정말 좋아서 하는지 혹은 해야 할 일을 피하기 위해서 하는지 먼저 고려해 보세요. 예를 들어 게임 자체가 너무 좋아서 하는 경우, 거기에 학원이나 공부를 피하기 위한 이유가 더해진다면 중단시키기가 더 힘들어집니다. 게임하는 행동은 한 가지처럼 보이지만 동기 면에서는 학습에 대한 '회피 동기'와 게임에 대한 '접근 동기'가 동시에 작동하는 중이기 때문입니다.

둘째, 해당 활동이 아이의 밥 먹는 시간과 잠자는 시간처럼 자연스러운 일상생활을 방해하는 수준인지 고려해야 합니다. 이런 경우, 주변 상황과는 무관하게 자신의 욕구만 중시한 채로 반복해서 마침내 상대방을 지치게 만들지요. 원하는 대로 되지 않을 땐 기분 나빠하거나 신경질적인 행동을 보입니다. 때에 따라서는 부모가 오랜 기간 아이의 요구를 적극적으로 수용하고, 여러 활동을 함께하는 시간을 보내야 개선됩니다.

아이와 함께하는 시간을 보낼 때, 활동적인 아이라면 태권도, 자전거 타기, 달리기와 같이 몸을 쓰는 운동 등을 추천합니다. 조용하고 차분한 아이라면 그림 그리기나 책 읽기, 끝말잇기처럼 차분한 놀이를 할 수도 있습니다. 이때 주의해야 할 한 가지가 있습니다.

아이와 부모의 시선이 서로를 향하는지, 둘 다 한 방향을 보는지를 고민해 보세요. 이때의 활동들은 아이와 부모가 정적으로 같은 곳을 보기보다는 부모와 자녀가 서로를 보아야 합니다. 함께 웃고, 이야기하며 감정을 교류하는 긍정적인 상호작용을 하는 시간이어야 합니다.

아이의 요구를 어디까지 들어줘야 할까?

아이의 요구를 들어줘야 할 때와 선을 긋고 한계를 설정해야 할 때를 판단하기란 참 어렵습니다. 숙련된 놀이 치료자들도 늘 고민하는 일이지요. 다만 놀이 치료자들은 대개 50분이라는 한계가 명확하고, 놀이치료를 하는 대가로 치료 비용을 받습니다. 그런데 엄마들은 놀이 시간의 한계를 정하기 어렵고, 비용도 받지 못하지요. 부모 노릇 하는 데 무슨 비용을 바라느냐고 생각할 수도 있습니다만, 가끔은 부모 노릇에 대한 대가를 스스로에게 보상해 보세요. 그래야 기운을 차려서 아이에게도 더 잘해 주게 됩니다.

아이의 요구를 들어주는 경계를 설정할 때의 기준은 첫째, 일상생활을 유지하는 데 방해가 되지 않는 한도 내여야 한다는 것입니다.

둘째, 부모가 화내지 않고 버틸 수 있는 시간 이내여야 합니다. 부모가 화가 나거나 짜증이 나기 전에, 아이의 요구를 들어주면서 화내는 것보다는 아이에게 화내기 전에 아이의 요구를 거절하면서 경계를 지키는 것입니다. 부모가 견딜 수 없는 상황이거나 컨디션이 안 좋을 때는 아이가 기분 나빠하는 것을 견딜 수 없는 수준에 도달하기도 하지요. 아이에게 부모의 기분이 어떤지, 왜 중단해야 하는지를 화나지 않은 상황에서 설명해야 합니다. 물론 아이가 타인을 신체적으로 공격하고, 그로 인해 엄마가 심리적·신체적으로 공격당하는 상황이라면 단호하게 제지해야겠지요.

싫어하는 과목과 가까워지는 법

그럼 아이가 공부할 때는 어떨까요? 아이마다 다른 성향 차이를 고려해야 합니다. 외향적이고 주도적인 아이는 여러 사람과 어울리면서 다양한 경험에 노출되다 보니, 특정 과목이나 활동에 대해서 첫인상이 잘못 형성되어도 거기서 받는 타격도 상대적으로 적습니다. 이후에도 다양한 친구와 활동을 접하면서 첫인상이 개선될 여지가 더 많고요.

이에 반해 내향적이고 소심한 아이의 경우, 첫인상이 잘못 형성되면 바꾸기 매우 어렵습니다. 한 번 부정적인 경험을 하면, 이후에도 피하려 하기 때문에 그 부정적인 기억이나 감정을 바꿀 기회도 차단하거든요. 그러다 보니 내향적이고 소극적인 아이에게는 어떤 과목이든 점진적으로 천천히 진행하게 만드는 편이 좋습니다. 너무 많은 양의 공부를 한꺼번에 몰아붙이거나, 꼭 해내야만 한다고 압박을 가하면 그 과목을 아예 싫어하게 만드는 지름길이 됩니다.

아이의 성향을 불문하고 공부해야 할 과목들은 그 내용을 충분히 숙달하고, 이리저리 다양한 각도에서 즐기고 누리도록 하면서 한계를 설정해 주어야 합니다. 아이가 '정해진 선'을 넘지 않도록 하는 한계 설정은 상황이나 활동마다 모두 달라서 일일이 정하기는 어렵지요.

그러나 반드시 넘지 말아야 할 선은 있습니다. 첫째는 자신과 타인에게 직접적인 해를 끼치는 일, 누군가에게 공격적인 언행을 하는 일은 당연히 제지해야 합니다. 부모나 형제 사이에서도 한계 설정이 필요합니다.

둘째로 아이가 책 읽기나 공부와 같은 행동을 할지라도 아이의 심리적, 신체적 건강에 영향을 주는 상황이라면 당연히 한계를 설정해 주어야 합니다. 예를 들어 아이가 밤늦게까지 자지 않고 책을 보려고 한다면 당연히 일상생활의 리듬이 깨지니 말려야겠지요. 밥을 먹을 때, 잠을 자야 할 때 등의 기본적인 시간은 따르도록 해야 합니다. 아동의 잠자는 시간을 기준으로 보면 오후 9~10시 이후에는 반드시 잘 준비를 시작해야 합니다.

그리고 좋아하는 과목과 활동은 격려해서 더 잘할 수 있게 하고, 부모에게 도움을 요청할 때까지 기다려 주세요. 부모가 자녀를 격려하느라 놀이나 활동에 끼어들면 흥이 깨지기도 하거든요. 반대로 아이가 싫어하는 과목은 아주 천천히, 그 과목에 진입할 수 있도록 차근차근 알려 주는 것이 필요합니다. 그것은 놀이의 형태일 수도 있고, 유명한 누군가의 일화일 수도 있겠지요. 아이가 접했으면 하는 공부를 생활 속에서 어떻게 적용되는지, 그 필요성을 부모가 먼저 스스로에게 납득할 만한 수준까지 이해하고 받아들이는 것이 좋습니다. 그 이후에 아이에게 하나씩 권유하고, 이를 통해 아이가 접하는 시간을 늘려 갑니다.

종종 "만일 싫어하는 공부를 꼭 해야 하는 이유를 네 동생이나 너보다 나이 어린 사람에게 하도록 설득한다면 뭐라고 할 거야?"라고 질문해 보고, 아이와 함께 그 방법을 고민해 볼 수도 있습니다. 다른 사람의 일로 생각해 보면서 아이가 자신의 상황에도 적용해 볼 수도 있거든요. 그래도 아이가 '안 하겠다'고 고집을 부린다면, 굳이 강요하기보다는 지켜보면서 기다리는 편이 낫습니다. 억지로 무언가를 시키기보다는 잠시 사태를 관망하는 편이 아이가 싫어하는 공부와 더 멀어지지 않는 방법인 것이지요.

—

좋아하던 과목을 갑자기 멀리해요

아이가 어렸을 때는 흥미를 보이던 일에 갑자기 의욕을 잃어서 고민하는 엄마를 만난 적이 있습니다. 아이는 입이 트이기 시작할 때부터 영어를 좋아했고, 나중에는 자신이 좋아하는 애니메이션은 자막 없이 볼 정도였지요. 초등학교 입학 후에도 영어를 가장 잘하고 좋아했고, 국제 통역사가 되고 싶다고 해서 지원도 아낌없이 해 주었습니다. 그런데 어느 순간부터 하기 싫어하더니, 학원에서 아이가 전혀 흥미가 없어 보인다고 연락을 받았지요. 엄마는 아이가 스스로 하고 싶다고 해서 시켰는데 왜 아이가 갑자기 의욕을 잃었는지 의아해했습니다.

"우리 아이가 자기 하고 싶은 일을 하면서 살았으면 좋겠어요" 하고 말하는 부모를 흔히 봅니다. 그런데 여기서 '자기가 하고 싶은 것'이 진정 아이가 원하는 것인지, 부모의 영향력이 반영된 것인지 구분하기가 쉽지 않습니다. 간혹 아이가 높은 목표를 이야기하면 부모는 내심 흐뭇해합니다. 그것이 당장 눈앞에 닥친 시험 점수든, 미래 직업이든 말이죠. 그러니 아이는 현실성 없어 보이는 목표를 내놓고, 부모는 아이에게 '네가 하고 싶은 것을 하라'고 말합니다.

부모의 숨은 기대를 알아차린 아이는 자신의 입으로 말한 높은 목표와 그걸 해내지 못하면 어쩌지 하는 불안이 공존하게 됩니다. 이런 상황이 지속되면, 이유를 알 수 없는 불안감을 느끼지요. 그리고 목표는 있지만, 행동으로 옮겨지지 않는 상황이 됩니다. 부모는 행동으로 실행하지 않는 아이를 비난하고, 아이는 스스로를 자책하는 악순환이 이어집니다. 아이가 '실제로 잘하는 것'과 아이와 부모가 '해낼 수 있다고 믿는 것'의 차이가 만들어 내는 비극인 것이지요.

목표를 이루고서
무기력해지는 아이들

그런데 열심히 노력해서 목표에 도달하고 나서, '내가 원하는 게 뭐였지?' 하며 혼란해하는 아이들도 있습니다. 예를 들어 큰 목표가 아니더라도, 수학 문제를 풀거나 영어 단어를 외운 후 일단 목표는 달성했는데 '이걸 왜 열심히 해야 하지?' 하고 생각하는 경우입니다. 그런데 훨씬 많은 노력과 시간을 쏟는 인생의 중요한 일을 할 때 이런 생각이 든다면 어떨까요?

아이들은 좋은 고등학교나 대학교, 안정적인 직장을 목표로 노력합니다. 그런데 그토록 오랜 기간 노력해서 입학한 학교나 대기업에 들어가거나 공무원이 되었는데, 막상 이루고 나니 별 것 없다고 느끼는 사람이 수두룩하지요. 반복되는 일상, 지루한 업무, 상사의 무리한 요구를 몇 차례 경험하고 나면 내가 왜 이토록 보잘것없는 일을 위해 노력을 기울였는지 허탈함을 느낍니다. 이런 일을 몇 차례 경험하고 나면, 심한 무력감에 그다음에 뭘 해야 할지 도무지 알 수 없게 되어 버립니다. 어른이 되어서도 자신이 원하는 무엇을 모르고 살게 되는 것이지요.

아이가 원하는 것을 이루기 위해서는 무작정 열심히 하기보다는 세상에 이룰 수 있는 어떤 것이 존재하는지 먼저 살펴야 합니다. 그러니 초등학교 시절에는 잘한다고 특정 분야로 한정된 격려를 할 필요도 없고, 또 잘하지 못한다고 굳이 비난할 필요도 없는 것이지요.

아이의 능력을 믿는 것보다 중요한 것

아이가 무엇을 좋아하는지, 무엇을 잘하는지, 어떤 일을 하고 싶은지 천천히 시간을 들여 찾도록 돕는 것이 부모가 할 일입니다. 이러한 일을 찾아낼 때까지는 많은 인내가 필요합니다. 한때 좋아한 것이 시간이 지나면서 더 이상 좋지 않은 경우도 많고, 이전에는 별로 좋아하지 않는다고 여겼지만 '내가 예전에는 이걸 왜 싫어했지?'라고 생각할 때도 있습니다.

자신이 원하는 일을 위해 당장 얻을 수 있는 만족을 기꺼이 희생하고, 참고 견뎌야 더 나은 삶을 살 수 있다는 믿음은 꼭 필요합니다. 하지만 부모가 일방적으로, 그리고 별도의 조치 없이 말로 강요만 한다고 아이들이 받아들이지는 않습니다.

일상생활이 즐겁고 행복하지 못하고, 당장 싫고 힘든 상황이라면, 대가로 얻는 성과가 만족스러운지도 한번 생각해 보아야 합니다. 때로는 할 수 없는 일을 하는 것보다는 그냥 할 수 있는 일을 여유롭게 즐기는 편이 최선인 경우도 있습니다.

아이들이 자기 자신에 대해서 높은 기대치를 가진 경우, 스스로 실패했다고 여기면서 지레 겁먹고 포기하거나 피하는 경우는 너무 흔합니다. 이렇게 되면 자신의 능력 범위 내에서 할 수 있는 일도 못하게 되지요.

그리고 부모의 욕구에 의해서 아이가 하기 어려운 부분을 매우 강압적으로 밀어붙이는 경우를 종종 봅니다. 이런 상황에서 아이들의 반응은 화내거나 반항하기, 불안해하다가 무기력해지기인 경우가 많습니다.

아이에게 무언가를 권할 때, 꼭 해야 할 일이라면 권유하고, 아이가 스스로 잘하지 못한다고 해도 천천히 기회를 주고, 더 나은 행동을 할 수 있도록 용기를 북돋워 주는 것이 부모의 역할입니다. 어찌 보면 세상은 해야만 하는 일, 하기 싫은 일로 가득 찬 곳이기도 합니다. 이럴 때 하고 싶지 않은 일을 해낼 힘을 발휘하도록 하는 것이 아이가 물려받는 가치관과 책임감이지요. 이때 부모가 가지는 견해나 가치관이(예: 남들보다 뒤처지면 안 돼 혹은 최고가 되어야만 해 등) 경직되어 있으면 아이도 영향을 받습니다. 무조건 해내야만 한다고, 견뎌야만 한다고 여기게 됩니다. 꼭 그러지 않아도 되는 일조차 말이지요.

그래서 부모는 스스로에게 꼭 해내야만 한다고 믿는 질문을 완전히 다른 각도에서 던져 볼 필요가 있습니다. '진짜 이걸 꼭 이렇게까지 해야 하나', '내 욕심으로 우리 아이를 힘들게 하는 것은 아닌가' 하는 종류의 질문 말입니다.

아이를 위한다는 말로 인해 아이와의 관계가 어그러지고, 아이의 불행감이 커지는 사례를 종종 봅니다. 그럴 때마다 아이들이 '할 수 있다'고 믿는 것보다는 '잘할 수 있는 것'을 찾도록 돕는 것이 얼마나 중요한지 다시 생각하게 됩니다.

2강

“집중력은 반드시 초등 시기에 잡아야 한다”

몰입 유형

2강에서는 우리 아이의 집중력 수준은 어느 정도인지 점검하고, 아이가 물리적·심리적으로 집중할 수 있는 환경인지 알아봅니다. 이를 통해 아이가 타고난 집중력을 최대한 발휘하도록 도울 수 있습니다.
머리는 좋은데 집중력이 좋지 않은 아이, 환경의 변화로 집중력 저하와 대인관계에 어려움을 겪는 아이 등 다양한 사례를 살펴봅니다. 또한 타고난 지능이 집중력에 어떤 영향을 미치는지, 주의 집중력과 몰입의 차이는 무엇인지 자세히 알아봅니다.
2강을 읽고 우리 아이에 맞는 최적의 환경을 찾고 이를 조성해 줄 수 있길 바랍니다.

—

초등 시기를 놓치면 안 된다

초등학교 3학년인 첫째 아이가 이제 1학년이 된 동생보다 집중력이 좋지 않은 집이 있었습니다. 아이는 학교에서 돌아오면 온갖 짜증을 부리고, 잠깐 숙제를 할 때도 갑자기 졸리다거나 배가 아프다면서 피했지요. 한번은 부모가 아이를 혼내던 중에 동생과 비교했더니, 심하게 울고 화를 내서 그 이후로 동생 이야기는 아예 꺼내지 않았습니다. 첫째라서 오히려 신경을 많이 써 주었는데, 날이 갈수록 심해졌지요. 엄마는 아이가 학업 수준이 높아지는 고학년이 되어도 나아지지 않을까 봐 걱정했습니다.

초등학교 3학년이 되었는데도 집중력이 낮다면 어떻게 해야 할까요?

아이의 집중력이 자라려면, 우선 몇 가지 전제 조건이 필요합니다. 첫째, 내 아이의 집중력에 대해서 부모가 충분히 이해해야 합니다. 둘째, 아이에 대한 부모의 기대 수준이 아이의 능력 수준과 맞아야 합니다. 셋째, 집중할 수 있는 물리적, 심리적 환경이 필요하며, 마지막으로는 무엇이든 최대한 단순화하는 것입니다.

하나씩 차근차근 살펴보겠습니다. 먼저 부모가 아이의 집중력 수준에 대해 알아보는 방법은 아이의 '주의 지속 행동'을 관찰하고 살피는 방법입니다.

아이가 몇 분 정도 집중하는 것이 평균일까요?

연령	집중 시간
1세	2~5분
2세	4~10분
3세	대략 10분, 흥미 있는 주제일 경우 그 이상
4세	최대 20분, 다소 산만한 경우 10분 전후
5세	10~25분가량
6세	12~30분가량
7세	12분~35분가량
8세	16분~40분가량

출처: Caraballo(2012), A. (s.f.). 나이별 어린이 집중 시간 Santos, J.L. (2012) / 정신 병리학 CEDE 준비 매뉴얼 PIR, 01. CEDE. 마드리드

지극히 평균적인 아이라면 모든 조건이 최적일 때 위의 표에 제시된 정도까지 집중이 가능하다고 알려져 있습니다. 최대로 집중할 수 있는 시간은 아이들이 성장함에 따라 지속적으로 변화합니다. 일단 아이들의 뇌가 발달함에 따라 늘어날 수 있습니다. 단, 집중력은 흐트러지기 너무 쉬워서 기분이나 몸 상태, 피로도, 과제 유형이나 난이도에 따라서 얼마든지 달라집니다. 대략 8세에 이르기까지 1년에 3~5분 정도씩 집중할 수 있는 시간이 증가한다고 알려져 있습니다. 물론 사람마다 다르고 연구마다 다르긴 합니다. 국내에서는 5~6세경에는 10~12분가량, 초등학교 저학년의 경우 15~20분가량, 초등학교 고학년의 경우 30분가량, 중·고등학생의 경우 50분가량으로 알려져 있습니다. 대략적으로 봤을 때 유치원이나 초등학교, 중·고등학교 수업 시간과 어느 정도 일치하는 것을 볼 수 있습니다. 당연히 아이가 재미있어 하는 과목과 지루해하는 과목에서는 그 차이가 심하게 나타납니다.

또 다른 연구 결과에 따르면, 성인들의 평균 주의집중 시간은 대략 20분 정도밖에 되지 않는다고 합니다. 이 연구 결과들은 모든 조건이 갖춰진 최상의 상태일 경우입니다.

아이가 위의 표에 나오는 시간만큼 주의 집중을 하려면 최적의 환경이어야 하지요. 컨디션도 최상이고, 기분도 매우 좋은 상태이고, 선생님이 재미있는 방식으로 수업을 진행하고,

자신이 흥미로워하는 주제이면서 주변의 방해 자극도 전무한 상태인 경우에나 가능합니다. 최상의 경우, 연령대 평균 시간을 넘어서서 집중하는 경우도 있지만 대개 위에 언급한 것처럼 최적의 조건이 갖추어지기란 쉽지 않습니다.

부모가 불안하면 아이는 집중하지 못한다

아이의 집중하는 힘을 키우려면, 부모가 가지는 내적 기대 수준을 아이의 능력과 잠재력, 그리고 아이 성향에 맞춰야 하고, 이에 맞는 방식으로 도움을 줘야 합니다. 아이를 부모의 기준에 맞춰 끌어올리는 것이 아니라, 부모의 기대를 아이의 현재 수준에 맞춰야 한다는 뜻입니다.

아이는 정말 하루하루가 다르게 성장하지요. 한동안 못 보던 다른 집 아이를 보면 엄청 커져 있거나, 심리적으로 성숙해져 있는 모습을 볼 수 있습니다. 부모의 기대가 크고 마음이 조급할수록 비교하는 마음은 커집니다. 다른 집 아이는 비 온 다음의 죽순처럼 쑥쑥 자라는 것 같은데, 우리 아이는 백년에 1mm 자라는 석순 같은 느낌이지요. 남보다 더 뒤처지면 안 될 것 같다는 부모의 경쟁심과 조바심은 아이에게 부담을 주고, 이런 부담을 받은 아이들은 화를 내거나 불안하게 되면서 집중력이 저하됩니다.

부모가 아이에게 압박을 가할 경우 아이의 반응은 크게 두 가지로 나뉩니다. 첫째, 자신의 경계가 명확한 아이들은 부모에게 화를 내면서 저항을 합니다.

둘째, 심리적 경계가 불분명하고 취약한 아이들은 부모에게 압도되면서 불안해합니다. 어느 쪽이든지 아이들이 집중하는 데 도움이 되질 않습니다. 그러니 시간이 좀 걸리더라도(경우에 따라서는 몇 년이 걸리기도 합니다), 아이들의 발전 속도에 따라서 기대 수준을 조정해야 합니다. 간혹 이래라저래라 하는 부모의 간섭이 성인기까지 이어지는 경우를 봅니다. 부모가 언제까지 자녀를 책임져야 할지 걱정하면서도 끊어내지 못하는 심정 때문이지요.

부모의 걱정은 아이가 건강하게 자라는 핵심 요소이기도 하지만, 동시에 아이의 자율성을 억압하는 양날의 칼로 작용합니다.

부모의 과한 간섭으로 시작된 갈등으로 인해, 고등학교 진학도 포기하고 부모와 몇 년간 대치 상황에 놓인 아이가 있었습니다. 아이는 부모에게 화를 내며 불안해했고, 집 바깥으로 잘 나가지 않는 은둔형 외톨이처럼 지내고 있었습니다.

그 상황이 너무나도 답답한 나머지 엄마가 상담실을 찾아 온 경우였는데, 아이가 수년째 아무것도 하지 않으니, 제발 '뭐라도' 했으면 좋겠다고 하소연을 했지요.

그런데 아이는 드물기는 하지만 친구들도 만나고, 다양한 교육 과정도 살펴보고, 등록할지 말지 치열하게 고민하고 있었습니다. 엄마가 바라는 모습과 아이가 원하는 일이 다르고, 엄마의 기준에는 미치지 못할 때 겪을 수 있는 상황입니다.

이처럼 부모의 불안과 조바심이 아이의 집중과 성취, 그리고 자립심을 방해합니다. 자녀도 부모의 기대를 인식하기 때문에 이를 쉽사리 떨쳐 내지도 못하고, 자기가 원하는 일을 할 때도 죄책감을 느끼고 행복해지기 어렵습니다.

아이가 집중할 수 있는 심리적 환경과 더불어 물리적 환경을 조성하는 것이 꼭 필요합니다. 공부방이나 조명, 시끄러운 소리와 같은 환경을 조성해 주는 것은 집중력에 꽤나 중요합니다. 견물생심(見物生心)이라고, 아무래도 주변에 시각적 자극이나 청각적 자극이 많으면 많을수록 산만해지기 쉽습니다.

가장 많이 부딪히는 주제는 역시나 스마트폰 사용이나 게임 시간과 관련된 내용입니다. 사실 스마트폰은 잘 살펴보면, 부모 세대의 전화기, 라디오, 텔레비전, 쪽지 주고받기, 카메라, 앨범, MP3, 만화방 등의 기능을 한군데 몰아넣은 것이라서 시간을 많이 빼앗길 수밖에 없지요. 학습적인 측면으로는 어학용 사전이나 백과사전, 인터넷 강의, 단어 암기나 문제풀이,

궁금한 내용을 찾아볼 수 있는 마술 도구가 되기도 합니다.

그러니 아이들 입장에서는 조금 과장하면 스마트폰을 뺏기면 자신의 거의 모든 것을 빼앗긴다고 느낍니다. 스마트폰 문제와 관련해서 흔히 사용하는 방법인 '시간을 정하고, 그 시간만큼 사용한다'라는 방법이 효과적이려면, 그 이전부터 상당한 준비가 있어야 합니다. 이 방법이 통하는 집과 통하지 않는 집의 차이는 부모와 아이가 기본적인 상호 작용을 어떻게 해 왔는지가 꽤나 중요한 영향을 미칩니다.

다음의 5가지 문항을 보고 우리 아이는 몇 개에 해당하는지 생각해 보세요.

□ 우리 아이는 7세 이하부터 미디어 자극에 노출되었다.
□ 스마트폰, 게임을 제외하고 많은 즐거운 일상 활동을 경험하고 있다.
□ 부모와 사용하기로 한 약속 시간을 정하고, 그 시간만큼 지키고 있다.
□ 아이와의 관계가 좋은 편이다.
□ 물리적, 심리적으로 단순한 환경이다.

① 우리 아이는 7세 이하부터 미디어 자극에 노출되었다.

미디어 노출은 늦으면 늦을수록 좋습니다. 구글이나 페이스북, 트위터를 설립한 미국 IT 업계 거물들이 자녀들에게는 적어도 10대 중반 이후부터 스마트폰을 사용하게 한다고 하지요. 스마트폰 사용 시기가 늦을수록 좋다는 사실을 알고 있기 때문일 것입니다.

② 스마트폰, 게임을 제외하고 많은 즐거운 일상 활동을 경험하고 있다.

앞에서도 강조했듯 일상 활동이 다양하면 다양할수록 좋습니다. 아이가 스마트폰과 게임을 아주 어린 시절부터 접했을 경우, 그 외의 즐거움이나 인생의 다양함을 경험하지 못하면, 스마트폰과 게임이 즐거움의 전부라고 여기게 되니 당연히 제지하는 것이 어렵습니다.

③ 부모와 사용하기로 한 약속 시간을 정하고, 그 시간만큼 지키고 있다.

약속을 했을 때, 아이에게만 맡길 것이 아니라 얼마나 효과적으로 부모가 관리 감독할 수 있느냐가 또 다른 관건입니다. 어른들도 스스로 한 약속을 잘 지키기 어렵듯이(체중 감량이나 운동, 연초마다 반복되는 작심삼일을 생각해 보세요), 아이들은 당연히 부모와 한 약속을 지키기 어렵습니다. '나는 잘 지킨다'라고 항변할 부모가 있으면, 그 부모가 훌륭한 자기조절능력의 보유자란 뜻입니다. 그 가치를 아이가 알아듣고 실천할 수 있도록 돕는 것이 부모의 역할입니다. 약속을 못 지키는 아이를 비난하면, 정작 아이는 부모의 모습은 자신과는 관계없는 딴 세상

이야기라고 생각하게 되니, 그다지 좋은 방법은 아닙니다.

④ 아이와의 관계가 좋은 편이다.

먼저 아이와의 관계를 고민해 보기 바랍니다. 관계가 좋으면 좋을수록 앞의 3개에 해당하는 항목들을 지키기가 더 수월합니다. 사실, 아이와의 좋은 관계는 집중력 향상을 돕는 가장 기본적인 전제이며, 이렇게 하기가 참 어렵다는 것을 여러 부모님을 만날수록 느끼게 됩니다.

⑤ 물리적, 심리적으로 단순한 환경이다.

내 아이의 현재 환경을 생각해 보세요. 성인들도 마음이 심란하면 집중이 잘 안 되듯, 아이들도 여러 가지 복잡함 속에서는 집중력을 발휘하기 어렵습니다. 집 안 환경이든, 심리적 환경이든 주어진 과제에 몰두할 수 있도록 최대한 단순하게 만드는 작업이 꼭 필요합니다. 하루의 목표나 활동을 최대한 단순하게 정하여 복잡하지 않게 제시하는 것이 아이들의 집중력을 증가시키는 또 다른 방법입니다.

아이가 하루에 해야 할 일이 너무 많다면 가짓수를 줄여야 합니다. 줄이는 것이 어렵다면, 적어도 어떤 일을 먼저 해야 하는지 우선순위를 정하고, 순차적으로 해나갈 수 있도록 도와야 합니다.

머리는 좋은데 집중을 못하는 아이

'몰입'과 '주의 집중력'의 차이에 대해서 고민하게 된 것은 자신의 능력을 발휘하지 못하는 아이들 때문이었습니다.

상담을 하기 전에 실시하는 종합심리평가에는 개인용 지능 검사가 포함되어 있습니다. 이 지능 검사의 하위 요소 중에는 주의 집중력과 관련된 지표가 되는 하위 검사가 있습니다. 부모가 상담실로 아이를 데려오면서 "저희 아이가 집중을 잘 못해요" 하는 경우가 많습니다. 그런데 정작 지능 검사를 하면 지능도, 집중력도 매우 높은 경우가 있습니다. 기본적인 집중력이나 지능이 높은데, 정작 아이가 '해야 하는 일'에 '집중'하지는 못하고 있는 것입니다.

집중력과 몰입, 비슷해 보이지만 다르다

지능은 높은데 산만한 아이는 학원, 학교, 과외 선생님들로부터 "아이가 머리는 좋은데, 집중을 못하네요"라는 이야기를 듣는 경우가 많습니다. 실제로 똑똑한 아이라는 것을 부모도 알고 있습니다. 제가 만났던 한 엄마는 "애가 머리 좋단 얘기 좀 그만 들었으면 좋겠어요. 머리만 좋으면 뭐해요. 말도 안 듣고, 공부도 안하고, 저 하고 싶은 대로 하는데. 좋은 머리 쓸 데가 없네요"라며 오히려 속상해 하시더군요. 아이는 아이대로 "너는 머리가 좋은데 왜 집중을 안 하고 노력을 안 하니" 하는 야단을 많이 맞으니까 무척 힘들어하고요. 이런 사례를 보면 아이가 집중할 수 있는 '인지 능력'(주의 집중력 검사를 통해 평가할 수 있는)과 흔히 말하는 '몰입하는 능력'에는 큰 차이가 있음을 알 수 있습니다.

ADHD가 아니더라도 주어진 과제에 집중을 잘 못하는 아이들이 있습니다. 자신이 원하는 혹은 자신이 지금 해야 할 일을 집중해서 해야 하는데, 정말로 안 하는 것이 아니라 못합니다. 집중력 자체의 문제가 아니라 너무 우울하거나, 의욕이 없거나, 불안해서 집중을 하지 못하는 경우인 것이지요. 치료를 받아야 할 수준의 우울감은 아니더라도 갑작스레 스트레스를 너무 받았거나, 잠을 못 잤거나, 배가 고프거나, 과제에 관심이 없기도 합니다. 여러 가지 이유로 집중하는 데 방해를 받습니다. 이런 아이들에게 왜 그러냐고 물어보면, "그냥"이거나 "몰라"라는 대답이 되돌아오기 일쑤입니다.

심리학에서는 그 사람이 타고난 기질적 특징, 즉 상대적으로 선천적이고 변화시키기 어려운 '특성(trait)'과 후천적이면서 가변적인 '상태(state)'를 구분하려고 노력합니다. 주의 집중력이 타고난 요소들인 특성적인 측면이 강하게 작용한다면, 몰입은 상태적인 측면이 좀 더 강합니다. 물론 이러한 구분은 다소 임의적인 것이고 완벽하게 '타고났다', 혹은 후천적으로 '만들어졌다'라고 단언하기는 어렵습니다.

흔히 주의력과 집중력, 몰입을 유사한 의미로 섞어 씁니다. 그런데 각각의 단어가 설명하는 정신 현상은 가만히 들여다보면 좀 다릅니다. 마리암 웹스터 사전에 따르면, '주의(attention)'는 '누군가나 사물에 대해 주의 깊게 생각하거나, 듣거나, 지켜보는 행위 또는 힘'을 의미합니다. '집중력(concentration)'은 '단일 대상에 대한 관심의 방향'을 의미합니다. 보통은 주의에 집중을 더해서 주의 집중력으로 부릅니다. 한 주제나 사건에 관심을 기울이고 다른 데 정신이 팔리지 않는 현상을 지칭하는 또 다른 용어가 '몰입(immersion)'입니다. 그리고 게임이나 인터

넷처럼 특정 자극에 필요 이상으로 몰두하여, 일상생활에서 어려움을 겪는 '과몰입'이 있습니다. 몰입이 좀 더 긍정적인 의미로 사용된다면, 과몰입은 주로 부정적인 의미로 사용됩니다.

성인이 경험하는 몰입은 '자기의 확장이나 황홀감 같은 느낌, 성장한 느낌'이라고 하는데, 아쉽게도 매번 느끼기는 쉽지 않지요. 또 아동 청소년의 경우에는 영화나 게임, 자신이 좋아하는 활동에서 벗어나올 때까지 여운도 길고, 쉬이 주의 전환이 안 된다고 알려져 있습니다. 그런데 몰입이나 집중력이 정신 현상에 미치는 영향이나 결과가 너무 과장되어 있는 것 같습니다. 중요한 정신 현상이기는 하지만, 절대적이지도 않고 신격화할 필요는 없습니다. 우리 일상에서 경험하는 여러 가지 중의 하나이니까요. 게임을 비롯한 자극적인 과몰입 경험을 음식에 비유하면 고추장처럼 자극적이고, 몰입 경험은 간이 안 된 두부 같은 싱거운 느낌이라고 볼 수도 있습니다. 물론, 몰입 경험은 상황에 따라서는 '황홀경(Ecstasy)'으로 지칭할 정도로 짜릿한 경험을 선사하기도 합니다.

성인이 되어서도 ADHD라는 것을 모르는 경우

물론 타고난 주의 집중력이 통상적인 경우보다 현저히 손상되어 있는 경우, 주의력결핍 과잉행동장애(ADHD)로 진단 받을 수 있습니다. 연구 결과에 따라 약간씩 다르지만, 전체 인구 중에 3~8% 정도는 ADHD이고, 평균적으로는 5% 정도입니다. 백 명 중 다섯 명이니 그다지 드문 질병은 아니지요. 그러나 집중력이 낮음에도, 지능이 높아 성적을 잘 받아 오니 주의 집중력이 결핍되어 있다는 사실을 모른 채 살아가는 경우도 있습니다. 증상이 성인기까지 이어지는 것이지요.

성인들 중에도 과제의 우선순위를 정하지 못해 마무리하지 못하고 벌이는 일이 많거나, 물건을 자주 잃어버리거나, 약속을 깜빡하는 사람들이 있습니다. 지각을 자주 하거나, 자신도 모르는 새에 여기저기에 부딪혀 다리에 멍이 들거나, 실수를 자주 하는 일들은 전형적인 ADHD 증상입니다. 그런데 단순히 습관 문제로만 보거나 성격 문제로 치부하기도 하지요.

부모와 아이 간
적정 거리를 유지하기

주의 집중력과 몰입은 뇌와 환경 간의 상호작용을 통해 형성되는 정신 '상태'입니다. 비교적 일관되게 차분하고 조용하고, 집중을 잘하는 '특성'을 지닌 아이들이 있지요. 반면 그렇지 못하고 상황에 영향을 많이 받는 아이들이 있습니다. 산만하게 타고났으면 치료를 비롯한 도움을 받아야 합니다.

아이가 성장 과정에서 좀 더 집중하고, 몰입하기 위해서는 부모의 조력이 많이 필요합니다. 자극이 너무 적어도, 너무 많아도 안 되고, 너무 내버려 둬도, 너무 간섭을 해도 집중력 발휘에 어려움을 겪습니다. 특히 아이의 연령이 낮을수록 부모의 영향력이 커집니다. 다만 말로만은 집중력이 늘어나지 않습니다.

아이에게 집중하라고 아무리 이야기해도 어떻게 해야 할지를 모르고, 혼날까 봐 두려워서 집중하는 척을 하게 됩니다. 이럴 때 아이가 집중할 수 있는 최적의 심리적, 물리적 환경을 조성하는 방법을 3강부터 단계별로 자세히 알려 드리겠습니다. 이렇게 환경을 조성하고 나면, 굳이 집중하라는 말을 하지 않아도 어느새 스스로 알아서 하는 모습을 볼 수 있습니다.

아이마다 타고난 성향이나 기질이 다르긴 하지만, 집중하는 마음 상태는 대개가 비슷합니다. 자신이 진심으로 좋아하는 일을 하면서, 스스로 정한 목표를 달성해 나갑니다. 성공하든 실패하든 그에 대해 비난이 없는 명확한 피드백을 받으면서, 결과에 대한 평가를 두려워하지 않는 상태가 최적의 심리적 상태일 것입니다. 이런 최적의 심리 상태를 위해서는 당연히 물리적인 환경이 조성되는 것이 좋겠지요?

여기서 물리적 환경이란 단순히 조용하고 정리정돈되어 환경적인 자극이 최소화된 상태만을 의미하지는 않습니다. 단순히 조용하기만한 환경이 집중을 유발하지는 못합니다. 축구나 야구 경기처럼 관중이 많고 소음이 극심한 상황에서는 집중이 안 되겠지요? 실상은 그렇지 않습니다. 오히려 선수들 중의 일부는 관중의 소음에도 고도의 집중력을 발휘합니다. 집중을 위한 물리적 환경을 위해 소음이나 현란한 시각적 자극을 차단하는 것이 능사는 아닙니다. 아이가 경험하는 최적의 가정환경 조성에서 비롯됩니다.

최적의 가정환경은 아이들로 하여금, 잘못을 하더라도 자신의 가치가 결정되거나 사랑받을지 여부가 결정되지 않는다는 믿음을 주는 것입니다. 자신의 노력이 최상의 결과를 이루지 못해도, 최선을 다했음을 부모가 알아 주는 것, 아이가 실수나 실패를 했을지라도 오히려 아이의 속상한 마음을 헤아려 주는 것 등이 해당됩니다.

무엇보다 아이가 적정 수준의 도전을 할 수 있도록 돕고, 좋은 결과가 나오면 함께 기뻐하고, 결과에 대해 함께 책임져 준다면 아이의 집중력을 길러 주는 최적의 환경일 것입니다.

—

집중력, 행복한 삶의 필수 조건

초등학교 고학년이던 남자 아이가 부모와 함께 저를 찾아왔습니다. 아이는 가족 간 갈등과 이사, 전학과 같은 극심한 스트레스를 겪었습니다. 따돌림을 당하기도 하고, 따돌림을 하기도 하는 질풍노도의 시기를 거치고 있었지요. 조숙하고 영리하기까지 한 아이여서, 사춘기도 일찍 와서 너무 어른처럼 생각했습니다. 한때 공부를 매우 잘했으나 현재는 공부를 왜 해야 하는지 이유를 알지 못했지요. 학업에 집중하지 못하는 것은 당연한 일이었습니다.

이 아이뿐만 아니라, 여러 아이들에게 '공부하는 이유'에 대해 물어보면, 돌아오는 답은 대개 몇 가지로 예상이 가능합니다. “몰라요”, “그냥요”가 가장 흔하고, “남들도 다 하니까요”, “엄마가 하라니까요”라는 답도 있습니다. 조금 신경 쓴 답이라면, “제가 원하는 것을 하기 위해서요”라는 그럴싸한 답이 되돌아옵니다. 그럼 원하는 것은 무엇인지, 또 그것을 왜 원하는지 질문해 보면 나름대로 답하기는 하지만 말 그대로 ‘영혼이 없다’는 느낌을 받을 때가 있습니다. 아마도 진정으로 자신이 원하는 답이기보다는 부모나 주변의 기대에 부응하기 위해 만들어진 답이기 때문이겠지요.

행복 연구 심리학자들이 뽑은 행복한 인생

행복을 연구한 심리학자들은 행복과 관련해서 다양한 삶의 모습들을 제시했습니다. 먼저, 행복한 삶이란 무엇인지 떠올려 보세요. 사회적 성공, 재산 등을 떠올리는 사람도 많을 것입니다. 이렇듯 ‘성취’와 ‘행복’을 동일 선상에 놓는 경우를 흔히 볼 수 있습니다. 물론 경쟁과 성취는 삶을 나아지게 만들기도 하는 꽤 그럴듯한 방법입니다.

그럼 질문의 방향을 바꿔서, 아이들에게 ‘시간 가는 줄 모르고 좋은 때가 있는지’, 그리고 ‘행복한 때가 있는지’를 질문해 보세요. 대개는 게임이라거나 친구들과 노는 시간을 이야기하는 경우가 많습니다. 정말 행복한 삶이란 어떤 삶일까요?

짜릿하고 말초적인 즐거움이 행복한 인생의 전부일까요? 안타깝게도 그렇지 않습니다. 왜냐하면 사람들은 좋은 경험이든 나쁜 경험이든 매우 빨리 받아들이는 적응의 귀재이기 때문입니다. 삶은 먹는 것, 입는 것, 노는 것과 같이 인간의 쾌락과 관련되어 있습니다. 즐거운 인생은 삶의 중요한 부분이고, 어느 정도의 경제력이 있으면 쉽게 채울 수 있긴 합니다. 하지만 너무 쉽게 질리고 빨리 소모된다는 점에서 쾌락은 행복한 인생의 한 부분에 불과합니다.

목표를 세우고 몰두하는 인생은 어떤가요? 주로 성취하고, 이룩하는 삶을 구성합니다. 발달과 학업에서의 성취, 좋은 차, 넓은 집, 좋은 직장과 같은 여러 성취를 이루도록 돕지만, 이 또한 자칫 성취 일변도와 세속적인 성공 위주의 삶을 추구하게 한다는 한계가 있습니다. 마지막으로 앞서 설명한 두 가지의 삶을 넘어 자신이 원하는 가치를 추구하는 삶은 어떤가요? 행복한 인생은 이것이 조화를 이루는 인생이겠지요.

아이를 양육하는 부모의 입장이 아닌 한 개인으로서 자신이 지금껏 이루어 온 성취를 한번 생각해 볼까요? 그것이 돈일 수도 있고, 학교 성적, 연애, 친구 관계에서의 성공일 수도 있습니다. 가령 명문 대학교에 합격했다고 생각해 봅시다. 매우 짜릿하고 행복할 수는 있어도, 매년 합격할 수는 없는 노릇입니다.

올해는 서울대, 내년에는 하버드, 그 후년에는 MIT에 합격한다면 매번 기쁘긴 하겠지만, 이걸 10년, 20년쯤 하면 어떨까요? 계속 반복된다면 마냥 행복하지는 않을 것 같습니다. 왜냐하면 대개 사람들이 바라는 인생은 좋은 대학 합격을 넘어서기 때문입니다. 좋은 대학에 들어가는 것은 행복해지기 위한 수많은 과정에 불과하지요. 인간이 점차 나이를 먹고 인생의 과업과 단계를 지나면서, 시기마다 해야 할 일이나 즐거움을 느끼는 일들이 점차적으로 변화합니다.

'평균'의 삶이라는 함정

지극히 현대적인 관점에서 인생을 바라보면 당연하게 여겨지는 단계가 있습니다. 공부를 열심히 하고, 좋은 학교에 들어가서, 좋은 직장을 다니다가, 좋은 사람을 만나서 가정을 꾸리는 것입니다. 그리고 부모가 된다면 아이가 잘 성장하도록 돕는 것은 현대적인 발달 과업의 중요 부분이지요. 그런데 이토록 범위가 지극히 좁은, 다시 말해 '남들만큼은 살아야지'라는 방식의 삶을 고수하다 보면 평균적인 삶을 좇게 됩니다. 문제는 '평균'이 너무도 주관적일 수 있다는 점입니다. 남들만큼 살아야 한다는 욕구가 선순환하면 지금보다 나은 삶을 살게 하는 원동력이 되기도 하지만, 악순환하면 너무 무리를 해서 현재 유지하는 일상도 무너지게 만듭니다. 이미 지나가서 바꿀 수 없는 일에 후회하고 앞으로 벌어질 일에 대해서 너무 근심 걱정하는 경우인 것이죠. 현재에 충실해야 하는데 말입니다.

그럼 어떻게 하면 나와 아이에게 중요한 일이 무엇인지를 알 수 있을까요? 다음의 표를 활용해서 그것을 찾아볼 수 있습니다. 우리의 삶은 유한하지만, 마치 무한하게 살 수 있는 것처럼 착각합니다. 우리에게 중요한 것을 알아보는 방법은 유한한 우리의 삶을 더 유한한 것으로 조정해 보는 것입니다.

나와 아이에게 3일의 시간이 주어진다면, 무엇을 할 것 같은가요? 아이와 함께 고민해 보세요.

나와 아이에게 함께 보낼 수 있는 기간이 3일 주어졌습니다.
이 시간 동안 해 보고 싶은 것이 무엇인가요?

나	아이

1) 부모와 아이가 모두 동의하는 일을 생각해 보세요.

2) 비용이나 시간이 너무 많이 들지 않는 것을 고르세요.

3) 그 일을 1~2주일 이내로 실천해 보기를 바랍니다.

타고난 집중력을 최대로 발휘하는 법

흔히 머리가 좋다고 말하는 것과 지능 지수가 높다고 말하는 것은 거의 맥락이 같습니다. 그럼 머리가 좋은 아이는 모두 주의 집중력이 높을까요? 꼭 그렇지는 않습니다. 대개는 머리도 좋고 지능도 높은 경우도 보지만, 지능 지수가 높다고 해서 꼭 집중력이 좋은 것은 아닙니다.

우리가 흔히 영재라고 분류하는 기준 중에 조지프 렌줄리(Joseph Renzulli) 박사의 세고리 모형이 있습니다. 이 모형의 정의에 따르면 우선 '평균 이상의 지능', '창의력', '과제 집착력'을 들고 있습니다.

평균 이상의 지능이 의미하는 바는(웩슬러 지능검사를 기준으로

110 이상, 통계적인 기준으로는 IQ 115 이상), 또래에 비해 어려운 내용을 쉽게 배우고, 수준 높은 책을 즐겨 보고 많이 읽으며, 수준 높은 개념을 쉽게 이해하고 문제 해결에 활용하는 능력입니다. 상황에 대한 이해가 빠르고, 기억을 잘하며, 적응 능력이 뛰어납니다.

창의력은 기발한 착상이나 제안을 하는 경우, 새로운 문제 상황에도 겁내지 않고 혼자서 해결하려는 능력입니다. 새로운 것을 배우는 데 욕심을 보이고, 다른 사람과 의견이 다를 때 적극적으로 토론하여 새로운 대안을 찾아냅니다.

마지막으로 과제 집착력은 과제를 수행하는 도중에는 주위의 사물이나 상황에 영향을 쉽게 받지 않으며, 문제가 쉽게 해결되지 않아도 포기하지 않고 끝까지 노력하는 능력입니다. 관심 있는 문제에 사로잡히면 떼어 놓기가 어렵고, 한 가지 일에 상당 기간 집중할 수 있습니다.

이 세 가지 기준을 보면 과제 집착력이라고 부르는 영재의 특성이 주의 집중력과 중복되는 것을 알 수 있습니다. 과제 집착력은 과제에 대한 지구력과 매우 비슷한 개념입니다. 이것은 어떤 영역이든 최상위권에 올라 그 지위를 오랜 기간 유지할 때, 타고난 재능에 더해서 후천적으로 끊임없이 노력하는 것을 말합니다.

지능이든, 창의력이든, 과제 집착력이든 선천적으로 타고

나는 측면이 분명히 존재합니다. 물론 타고난 것이 전부는 아닙니다. 흔히 여러 서적에서 '지능은 별로 중요하지 않다'라고 말하는 경우를 보는데, 정말 그럴까요? 지능이 높다고 해서 좋은 직업을 가지는 것은 아니지만, 좋은 직업을 갖고 유지하기 위해서는 일정 수준 이상의 지능이 명백하게 작용합니다. 아이가 이러한 속성을 타고 났다고 해서 반드시 공부를 잘하거나 집중력이 뛰어난 것은 아닙니다. 가정에서 지속적으로 뒷받침을 하고, 아이가 가지고 태어난 심리적 속성을 잘 이해하여 그에 맞는 최적의 여건을 제공해야 합니다.

공부 속도를 과감히 늦춰야 할 때도 있다

ADHD로 의심되어 만났던 아이가 있습니다. 지능 검사 결과를 살펴보니, 대략 전체 지능이 70~80점 사이였습니다. 전체 지능의 범주에서 보면 낮은 수준에 해당하고, 통상적인 정규 교과를 온전하게 이해하는 데 어려움이 있을 수밖에 없었지요. 아이는 자신의 의사와는 전혀 상관없는 학원을 4~5군데 다니던 중이었고, 학업 성취는 거의 바닥이었습니다.

부모에게 아이의 지적 능력 수준과 주의 집중력 수준, 그리고 아이가 성취할 수 있는 범위에 대하여 설명했습니다. 물론 심리검사를 통해 한 아이의 미래를 예측하는 것은 매우 위험한 일이고, 정확하게 맞지 않는 경우도 많습니다. 검사 결과 자체의 부정확성 때문이 아니라, 사람은 여러 가지 계기로 자신이 마음먹기에 따라 무엇이든 될 수 있기 때문입니다. 저는 아이에게 선택권을 주고, 다니고 싶지 않은 학원은 모두 그만두는 것이 어떻겠느냐는 제안을 드렸습니다. 다행히도 부모는 승낙했습니다. 언뜻 보면 매우 쉬워 보이는 일처럼 보일 수도 있습니다. 그런데 성적이 잘 나오지 않는 아이의 공부를 지능 검사 결과와 상담자의 말을 믿고 중단하기는 매우 어렵습니다. 대번에 "선생님이 우리 아이 책임지실 거예요?"란 말을 듣기 일쑤지요.

아이가 학원을 그만두고 나서 저는 부모와 자녀 간의 관계 개선에 초점을 맞추었습니다. 관계 개선이라고 하니 거창한 것처럼 보이지만, 부모가 하는 말을 아이가 귀 기울여 듣고, 부모는 아이가 하는 요구를 잘 듣고, 최대한 아이의 요구를 수용해 주는 것입니다. 거창한 것이 아니라고는 하지만, 일상에서 참 하기 어려운 일입니다.

이렇게 부모와 자녀 간 의사소통이 원활하게 이루어지기 시작하면, 불필요한 심리적, 정서적 에너지 소모가 현저하게 줄어 들고, 서로에게 화도 덜 나게 됩니다. 그러면 부모는 화를 덜 내고, 아이의 불안도 줄어들지요. 그러고 나서 아이가 원하는 것, 할 수 있는 것, 그리고 자신이 잘할 수 있다고 믿는 것 위주로 차근차근 개인에 최적화된 방식으로 학습의 방향을 조정하였습니다.

시간이 한참 흘러 아이는 스스로 전공을 선택해 입학했습니다. 흔히 말하는 명문대는 아니었지만 참으로 오래도록 기억에 남는 사례입니다.

집중력은 지능 중의 지능입니다. 그런데 그 집중력이 발휘되기 위해서는 타고난 능력 자체뿐만 아니라 주변의 여건들이 매우 중요합니다. 지능 지수뿐만 아니라 주의 집중능력 자체는 최상이지만, 정작 자신이 원하는 것이 무엇인지, 어떻게 하면 집중할 수 있는지, 결정적으로 왜 그래야 하는지도 모르는 경우가 아주 많습니다. 타고난 주의 집중력이야 더할 나위 없이 훌륭하지만 주변 환경이 너무나도 빈약해서 혹은 너무나도 많은 것을 제공하면서 정작 아이들은 내적인 동기와 자신감을 발휘하지 못하게 됩니다.

모든 아이가 타고난 집중력이 최상일 수는 없겠지요. 하지만 아이가 가진 재능을 최대한 발휘되도록 돕는 것이 부모의 역할이 아닐까요? 다만 그 역할을 수행하는 과정에서 '적당히'가 가장 중요합니다. 다음 강부터 그 '적당히' 혹은 '최적화'된 도움이 무엇인지 살펴보겠습니다.

3강

집중력 향상 1단계

“성적 향상을 위한 집중력 전략!”

공부 습관

3강에서는 본격적으로 집중력 향상을 위한 프로그램을 시작합니다. 집중력 전략 1단계는 바로 집중력 향상으로 아이의 성적을 올릴 수 있는 공부 습관을 키우는 방법입니다. 학습 환경 정돈부터 수업 자료를 체계적으로 정리하는 방법 등 산만한 아이의 학습을 돕는 구체적인 방법을 알아봅니다. 이를 통해 성적 향상뿐 아니라 아이가 공부할 때의 효능감을 키우고, 스스로 할 수 있다는 믿음을 형성할 수 있습니다.

온라인 수업에 익숙해진 아이들은 오프라인 수업에서 집중에 어려움을 겪기도 합니다. 아이가 수업 시간에 집중하여 좀 더 효율적으로 공부할 수 있는 노하우, 가장 효과적인 공부법인 노트 필기 방법을 다양한 사례를 통해 살펴보겠습니다.

집중하는 첫 단계, 학습 환경의 정리

상담을 하다 보면, 아이가 방 정리를 하지 않아서 아이와 갈등을 겪는 부모를 종종 만납니다. 보고 있자니 답답해서 부모가 대신 치워 주어도 금방 원상복귀되기 일쑤이고, 매번 치워 주자니 부모도 지치지요. 사소한 문제처럼 보일 수도 있지만 방 정리는 아이의 집중력에 큰 영향을 미칩니다.

내 주변 환경을 정리정돈하는 일은 집중력을 발휘하는 데 있어 끼워야 하는 첫 단추와도 같습니다. 적어도 집중력이 부족한 사람들에게는 거의 진리에 가깝습니다. 외부 자극에 의해 쉽게 주의가 분산되니 이를 막기 위해 외부 자극을 통제하기 위한 목적으로 환경을 정리하는 경우를 봅니다. 그런데 이런 환경적인 측면이 꼭 그 사람의 집중력 증가를 100% 보장한다거나, 학업 능력을 꼭 보장하지는 않습니다.

정리정돈을 잘해서 집중을 잘하는 것이 아니라, 집중을 잘하기 위해 정리정돈을 하는 경우이지요. 부모가 흔히 착각하는 것이 집중할 의지가 없는 자녀들을 정리정돈을 시키면 집중할 의지가 자동적으로 생겨날 것이라고 믿는 것입니다. 정작 중요하고 초점을 맞춰야 하는 부분은 아이들이 집중하고 싶게끔 만드는 것인데 말이지요. 아이들이 집중하고 싶은 마음이 들면, 외부 환경적인 자극들도 스스로 정리해 나갈 것입니다(물론, 시간은 좀 오래 걸릴 수 있습니다). 다만 부모가 아이를 집중하게 하기 위해서 '옆집 누구는…', '엄마, 아빠 친구 아들, 딸 누구는…'처럼 비교는 삼가야 합니다. 비교는 집중력을 발휘하도록 하기보다는 오히려 거부감을 느끼도록 합니다.

환경 정돈은 마음 정돈을 돕는다

사실 성인 중에서도 정리정돈을 못하는 사람은 아주 많습니다. 어질러 놓은 방안에도 나름대로 규칙이 있어서, 건드리는 것을 아주 싫어하는 사람도 있습니다. 왜냐하면 일종의 영역이면서 경계를 세운 것이거든요. 그렇다고 아이들이 어지르는 대로 내버려 두는 것도 부모가 해야 할 일은 아닙니다. 정리정돈하라고 해서 아이들이 따르면 좋지만, 아이들이 지시를 잘 따르지도 않을뿐더러 한두 번 실행한다고 해도 습관이 되지 않으면 곧 그만두게 되니까요.

'정리벽'이라고 부를 정도로 주변 정리에 엄격한 부모도 있습니다. 이 경우, 내면에는 강박적인 성격이 자리하는 경우가 많아서 쉽사리 해결되지 않을 때도 있습니다. 이런 부모는 자신이 너무나도 쉽게, 숨쉬듯이 자연스럽게 하는 일을 해내지 못하는 자녀를 이해하기가 쉽지 않습니다. 누가 시키지 않아도 혼자서 해 왔던 부모는 자신의 비법을 알려 주지요. 하지만 아무리 격려해도 아이의 정리하지 못하는 행동이 쉽사리 해결되지 않는 경우가 많습니다.

아이가 가시적이고 물리적인 측면에서 환경 단서들을 정리하고 있지 못한 상황이라면 심리적, 정서적으로도 복잡할 가능성이 높습니다. 그리고 이렇게 정서적으로 복잡한 상황에서는 통제력을 잃는 경우도 많습니다. 이럴 경우, 심리적 여유를 회복해야만 정리정돈을 할 수 있겠지요. 마음이 정돈되는 것은 생각보다 어렵습니다. 반면 물건을 정리정돈하는 것은 마음먹기에 따라서 매우 쉽지요. 결과가 바로 눈에 보이기 때문에 무언가 변화되었다는 사실을 직접적으로 알려 준다는 점에서 매우 유용합니다.

먹은 그릇을 치우는 것부터가 시작

학교에서 아이들을 만나면서, 강의를 하거나 학습 프로그램을 운영한 후에 교실 쓰레기통에 교재가 버려져 있는 경우를 종종 봅니다. 물론 학습 자료들은 언젠가는 버리겠지만, 해당 학기가 마무리될 때까지는 가지고 있는 습관이 필요합니다. 중요한 학습 자료를 잘 챙겨서 필요시에 활용하도록 만드는 습관은 어릴 때부터 가정에서 차근차근 키우면 좋습니다. 아주 작은 사소한 일부터 책임감을 가질 수 있도록 하는 것이지요.

일전에 만났던 아이 중의 한 명은 학교에서 주는 자료를 클리어 파일에 차곡차곡 모아놓고, 책장에 둔 채로 필요할 때마다 꺼내보기도 했습니다. 자신이 공부했던 시간표나 내용을 엑셀같은 프로그램을 이용해서 차곡차곡 정리도 했지요. 이 아이처럼 클리어 파일에 정리를 하도록 돕는 것도 한 방법이고, 방안의 책장에 구획을 나누어 과목별로 구분하는 것도 방법입니다.

우선 생활 습관부터 시작해 봅니다. 아침에 잠옷을 벗고 정리하기, 자기가 먹은 그릇과 수저를 싱크대에 넣기, 책가방 정리하기, 자신이 벗어 놓은 양말이나 옷들을 잘 정리하거나 빨래통에 넣기, 현관에 놓인 신발 정리하기 등을 실천하게 해 보세요. 적어도 자신이 사용한 물건과 옷가지들을 스스로 정리하는 습관을 들이는 것이지요. 이렇게 일상생활에서 자기 물건들을 정리하는 습관을 하나씩 늘리면 이후 학교에서의 자료 정리까지 한 단계씩 확장이 됩니다.

이렇게 정리하는 이유를 하나씩 설명해 주세요. 책 제목이 보이도록 정리하는 이유, 책의 크기나 종류, 색깔에 따라 정리하는 이유, 이 칸에는 왜 이런 종류의 책이 들어가는지에 대한 이유를 차근차근 알려 주면서 같이 정리하면, 엄마가 일방적으로 정리해 주는 것보다 더 좋겠지요. 알려 줬는데도 제대로 하지 못한다고 핀잔하지 않는 것이 좋습니다. 정리정돈은 자신이 한 행동에 대한 결과들을 원상복귀를 시키려는 노력을 기울인다는 점에서 의미가 있습니다. 그러니 어른의 기준에서 보았을 때 흡족하기 어려운 수준이어도 지적하기보다 칭찬해 주세요.

또 주변에 주의를 분산시킬 만한 것이 있으면 아무래도 공부가 되지 않고 산만해질 수밖에 없습니다. 대표적인 것이 스마트폰이나 태블릿 PC, 노트북 등이지요. 아이가 주로 공부하는 자리에 한번 앉아 보세요. 고개를 들어 왼쪽, 오른쪽, 정면을 봤을 때 공부를 방해할 만한 물건이 있다면 당연히 아이의 집중에 방해가 되겠지요.

아이에게 이런 이야기를 하면 물건을 치울 것을 거부합니다. 그럼에도 집중을 위한 공부 환경을 구축하는 가장 좋은 방법은 아이가 책상에 앉았을 때, 방해될 만한 물건들을 치우는 것입니다. 단 아이가 진정한 의미에서 '기꺼이 동의'해야 하겠지요.

—

아이에게 맞는 과목의 우선순위 정하기

우리는 살면서 더 중요한 것과 덜 중요한 것을 구분하고 중요한 것을 순차적으로 하는 것을 배웁니다. 공부도 더 중요한 공부와 덜 중요한 공부를 나눠야 합니다. 같은 과목이어도 어떤 사람에게는 매우 중요한 과목이지만, 어떤 사람에게는 별로 중요한 과목이 아닙니다.

어떤 아이에게 더 중요한 공부는 국영수이겠지만, 어떤 아이는 음악이나 미술, 체육 같은 과목일 것입니다. 만약 아이가 성적이 좋지 못하고 공부에 흥미가 없는 아이라면, 억지로 국영수 주요 과목을 시키기보다 아이가 그나마 할 수 있는 과목에서부터 시작하는 것이 좋습니다. 아이가 조금이라도 관심을 가지는 과목이 있다면 그나마 다행이지만, 그 과목이 주요 과목이 아닌 과목일수도 있습니다.

수학이나 영어는 쳐다보지도 않는다면

이 과정에서 중요한 것은 '너도 하면 된다'라는 다른 사람의 경험이 아닌, '어라, 이게 진짜로 되네'라는 믿음을 심어 주는 일입니다. 이런 믿음은 흔히 말하는 자신감과 효능감으로 이어지게 됩니다. 물론 효능감은 특성상 해당 과목에만 작용합니다. 예를 들어 수학을 못하던 아이가 수학이 아닌 사회 과목에 노력을 기울이면서, 사회 과목의 점수가 올라간다고 해서 수학을 갑자기 잘하게 되지는 않습니다.

다만 사회 과목을 공부하면서 자신감이 생기면 흔히 수학 공부를 하라는 부모에게 '난 수학은 못하지만, 사회는 잘해요'라는 방어적인 태도를 보이기도 합니다. 그러니 못하는 과목을 더 하라고 유발하는 것은 별로 좋은 방법은 아닙니다. 이런 부모의 태도는 그나마 잘하고 관심을 가지던 과목에 대한 아이의 흥미마저도 떨어뜨리게 되니까요.

이 과정에서 아이에게 우선 자신이 뭐라도 할 수 있다는 믿음이 생겨났다는 점이 가장 중요합니다. 그리고 사회 과목을 잘하면서 잘하지 못하는 과목 때문에 사회 과목도 빛을 발하게 되지 못한다는 점을 깨닫기도 합니다. 그리고 자신이 잘하지 못하는 과목에 노력을 기울이게 되어 전반적인 성적이 상승하기도 합니다. 물론, 이런 최상의 경우보다 더 흔한 경우는 '주요 과목'이 아닌 '우선 순위' 과목에서 생긴 자신감으로 자신의 흥미와 적성을 찾아 나가는 동력이 생긴다는 점이지요. 아무것에도 흥미를 보이지 않기보다는 이렇게 무언가라도 하는 것이 집중력 향상에 필수적인 요소입니다. 이런 일이 조금씩 반복되다 보면 아이가 자신이 수학을 잘하지 못해도 자신이 괜찮은 사람일 수도 있다는 '합리적인 의심'을 하게 되고, 그 생각은 아이가 자신의 실제 모습을 더 정확하게 볼 수 있도록 해 주거든요.

아이가 자신이 좋아하는 과목만 반복적으로 하려고 하고 싫어하는 과목은 기피하는 경우도 보게 됩니다. 이럴 때는 먼저 아이가 한 과목에만 초점을 맞추고 다른 과목을 거들떠보려고 하지 않는 이유를 살펴봅니다. 하고 싶은 공부가 좋아서이기도 하지만 대부분은 새로운 공부에 대한 저항 때문입니다. 이런 경우에 아이를 새로운 과목으로 진입시키기 어려울 수 있습니다.

누구나 잘하는 과목을 좋아하고, 좋아하는 과목을 잘하기 마련이거든요. 더구나 초등학생의 경우, 거의 자신에게 쉽게 습득되는 잘하는 과목에 선천적으로 끌리기 마련이니까요. 별다른 노력 없이도 맛있는 음식을 잘 골라내는 것처럼, 자신의 재능과 적절한 자극을 잘 찾아내는 능력은 본능에 가까운 것 같습니다.

이에 반해 못하는 과목도 잘해야겠다는 이유를 찾으려는 동기나 노력 그리고 그런 결과가 자신에게 미치는 영향을 예측하고 추론하는 능력은 인지 발달상 한참 뒤에야 나타납니다. 그렇기에 무작정 강요만 하면 아이는 왜 해야 하는지 도대체 알 수 없으니 반항하기 일쑤입니다. 그렇다고 그냥 내버려두고 아이가 더 자라서 스스로 깨달을 무렵이 되면, 나름대로의 지식과 공부 방법에 대한 노하우가 축적된 다른 아이들을 따라잡기는 쉽지 않습니다. 마치 어른이 되어서 '중·고등학교 다닐 때 공부 좀 더 할 걸 그랬다' 하고 깨달았을 때는 상당 부분 늦었음을 알게 되는 것처럼 말이지요.

그러니 보완책으로 다양한 경험을 하도록 돕고, 그 다양한 경험 중에 적성에 잘 맞지 않거나 하고 싶어 하지 않는 과목을 빼는 편이 좋습니다. 억지로 시키기보다는 오히려 현재 재미있어 하는 과목을 좋아하게 된 이유나 배경을 먼저 탐색하는 작업이 필요합니다.

지루한 과목을 공부하는 꿀팁

좀 더 구체적으로 어떤 면에서 그 과목이 좋은지, 그 과목을 공부할 때의 기분이나 성취감은 무엇인지, 다른 과목과 그 과목과의 차이점은 무엇인지도 탐색합니다. 반대로 싫어하는 과목을 할 때의 막막함이나 지루함, 벽을 마주보고 있는 것 같은 느낌이 있다면 그것도 하나씩 확인해 보는 작업이 필요하겠지요. 대개는 자신이 좋아하지 않는 과목은 어쩌다 한번 노력을 해도 결과로 반영되지 않으니 지레 포기하게 되거든요.

대개 암기 과목이라고 부르는 과목의 경우, 이해나 통찰보다는 반복적으로 기억하고 내용을 숙달하려는 노력을 해야 합니다. 그냥 객관적인 사실을 보고 암기해야 하는 경우, 기억력이 뛰어난 아이라면 한번 스윽 보고 기억하는 경우도 있습니다. 반대로 수학처럼 이해나 통찰이 필요한 과목의 경우, 일정 수준까지 자각하지 못하면 아이들이 너무 어려워하면서 피하게 됩니다.

아이에 따라서는 지루해 하는 과목을 공부할 때 흔히 사용하는 '1문제', '1단어', '1문장'을 시작하기를 추천 드립니다. 하루에 한 문제, 한 문장, 한 단어를 매일같이 꾸준히 하는 것이 중요합니다. 누적되는 공부 양이 가시화되도록 외운 단어는 작은 메모지에, 푼 문제는 작은 종이에 옮겨서 아이의 공부 장소에 붙여 줍니다. 일정량이 채워지고 더 이상 벽면이나 붙일 수 있는 공간이 없어질 정도로 늘어나면 클리어 파일에 차곡차곡 옮겨 주는 것도 한 방법입니다.

아이가 공부해야 하는 과목을 가시화해서 아이 공부 장소에 붙인다.
예시) 하루에 과학 1문제, 1단어, 1문장을 꼭 푼다.

너무 많은 양을 한번에 하기보다는 꾸준히, 차곡차곡 해나가고 아이가 이것을 가시화하는 작업이 필요합니다. 아이가 자신의 노력을 눈으로 확인할 수 있는 과정이니까요. 이런 일이 반복되면 굳이 없는 칭찬을 만들어 할 필요도 없이 자동적으로 아이의 능력이 점차 늘어나게 됩니다.

과제의 난이도와 시간을 조절하라

크게 보면 아이의 학습 집중력을 키울 때 부모가 해 줄 수 있는 것은 결국 아이가 과제를 수행하는 시간과 과제의 난이도 조절입니다. 아이들은 과제를 하는 시간이 너무 길어지고 늘어지면 지루해 합니다. 각성 수준이 너무 내려가는 것이지요. 반대로 너무 짧으면 숙달할 시간이 없어서 기억을 하지 못하게 됩니다. 이때 부모의 도움이 필요합니다. 아이가 컨디션이 좋을 때 집중할 수 있는 시간이 얼마나 되는지 대략적으로 가늠해 보세요.

어떤 아이들은 10분일 수도, 어떤 아이들은 20분일 수도 있습니다. 수업 시간을 기준으로 잡으면 초등학생은 40~50분 정도이지요. 이때 수업은 초반부 수업 도입-본 내용-활동-마무리로 구성되어 있어, 혼자 고민하고 생각해 보는 시간은 20분 내외입니다. 어른도 한 주제에 대해서 공부를 시작해서 딴 생각을 한 번도 하지 않고 20분 이상 무언가를 하기가 쉽지 않습니다. 그러니 아이의 공부 시간을 20분 전후에서 가감하면서 시작하는 것이 좋습니다.

집중을 더 잘하면 5~10분 단위로 늘려가고, 잘 못하면 역시 줄여나갑니다. 이때 한 번의 공부 시간은 40분 이상을 넘기지 않는 것이 좋습니다. 아이들이 너무 피로하거나 넌덜머리를 내게 되면 공부를 지겹다고 인식하거든요. 그러니 40분까지 채운 상태라면 20분 동안 쉬거나 간식을 먹게 합니다. 이때 다시 공부로 돌아오기에 많은 시간이 걸리는 스마트폰이나 게임같은 활동을 하지 않는 편이 좋습니다.

난이도의 측면에서 본다면 아이가 노력했을 때 '아, 이건 좀 어렵지만 해 볼만 하겠네' 하는 수준의 난이도가 가장 좋습니다. 문제가 너무 쉬우면 아이는 지루해 하고, 너무 어려우면 불안해 합니다. 공부 양이 너무 많으면 압도되고, 너무 적으면 숙달되기 어렵습니다. 그러나 아이 수준에 맞는지 아닌지를 알아보기는 쉽지 않습니다. 공부 난이도를 단번에 조정하기가 참 반만치 않은 일이지요. 성공 확률로만 보면 10번 시도해서 6~7번 성공하는 수준이고, 잘 모르겠을 때는 누군가의 도움을 받아야 성공할 수 있는 수준이 좋습니다.

이렇게 공부 양의 조절이나 난이도 조절에 더해서 필요한 것이 '일단 꾸준히 시작하는 것'입니다. 하루에 한 문제일지라도 말이지요. 효능감은 저절로 만들어지지 않고 꾸준함과 지속성에서 만들어집니다.

수업 시간에 새어 나가는 집중력을 잡아라

어떤 엄마가 아이가 쉬는 시간에는 친구들과 잘 놀고 활발한데 수업 시간만 되면 집중을 못해서 상담실에 왔습니다. "애가 성적도 좋은 편이 아닌데 어쩌면 좋을까요?"라고 걱정했지요. 집에서 부모가 아이와 수업 내용을 미리 살펴보기도 하고 대화도 많이 하는 편이라 더욱 예상치 못한 일이었지요. 저는 아이의 상태를 이리저리 물었습니다. 아이의 상태를 알기 위해서는 하나하나 질문해서 사실 관계를 확인해야 합니다.

이럴 때 부모와 아이에게 가장 공을 들이는 질문 중 하나는 아이가 수업 시간에 보이는 태도와 평상시 태도와의 차이점입니다. 그리고 모든 과목에서 그런지, 일부 과목에서 그런지도 확인합니다. 모든 과목에서 그렇다면 학업 자체에 대한 흥미를 잃은 경우일 수도 있습니다.

학업에 흥미를 잃은 경우는 학업 난이도가 너무 쉬워서 지루하거나, 전반적인 의욕이 저하되는 중이기 때문일 것입니다. 특정 과목에서만 집중을 못한다면 그 과목에 재미를 못 느끼는 경우이겠죠. 이런 부분이 확인된 이후라면 일단 아이가 수업을 제대로 듣고 있는지 확인합니다. 수업을 제대로 듣지 않으면 전체 공부 시간의 적게는 60%, 많게는 80%에 해당하는 시간을 허공에 날리게 되니까요. 이 시간을 제대로 보내지 않으면 사실 공부를 잘하기란 여간 어려운 일이 아닙니다.

그런 면에서 본다면 간단한 수준의 예습이 아닌 선행 수준의 학습은 아이가 수업 시간에 이미 들은 내용을 또 들어야 한다는 점에서 흥미가 떨어지는 요인이 될 수 있습니다. 단기적으로는 아이가 남보다 많이 알고 있다는 점에서는 좋을 수 있겠지요. 그러나 장기적으로는 수업을 재미없어 하고 지루하게 만드는 지름길이 될 수 있습니다.

오프라인 수업에서 집중하는 법

코로나 이전부터도 오프라인에서의 의사소통에 익숙하지

않은 아이들은 온라인에서의 수업이나 특수 효과에 길들여져 있었습니다. 상대적으로 밋밋한 오프라인 수업에서는 효율이 저하되는 경향이 있었지요. 온라인 수업이 본격화된 이후로는 누군가와 직접적인 의사소통을 하기보다 관리 감독이 되지 않는 방식의 수업에 노출되면서 집중하기 더 어려워 하는 모습을 흔하게 볼 수 있습니다. 양방향 의사소통에서 자연스럽게 말하고 듣는 상호작용에 익숙하지 못한 아이라면 선생님은 말하고, 아이는 들어야 하는 일방향 의사소통에 취약할 수밖에 없습니다.

학교에서의 오프라인 의사소통에서 수업에 집중하기 위해서는 평상시 가정 내에서도 아이가 하는 말을 잘 들어줬는지도 중요합니다. 학교나 학원에서 오늘 수업의 내용이 어땠는지, 기억에 남는 내용은 없는지, 재미있거나 싫었던 내용은 없었는지 관심을 기울여 주세요. 부모가 아이의 말에 경청하는 태도는 아이가 수업에 집중하는 데 영향을 미칩니다. 다만 추궁하거나 심문하는 태도, 아이를 평가한다는 느낌보다는 아이가 하루 종일 들은 수업을 함께 공유하는 방식으로 접근하면 더 좋습니다.

그리고 선생님의 여러 특징에 대해서 관찰하도록 돕는 것도 한 방법입니다. 선생님이 중요하다고 이야기한 내용은 어땠는지, 딴 짓을 했다면 어떤 내용이 나올 때 딴 짓을 했는지 질문해 보세요. 이때 아이가 힘들어하는 내용에 대해서 너무 동조할 필요는 없습니다. 아이의 경험에 관심을 기울여 주는 것과 아이의 부정적인 내용에 동조를 하는 것은 다른 것이니까요.

노트 필기는 뇌를 단련시킨다

공부를 하거나 집중을 하려는 가장 중요한 이유 중의 하나는 기억하기 위해서입니다. 효과적으로 기억하기 위해서는 집중뿐만 아니라 배경지식이 풍부해야 합니다. 또 배경지식을 풍부하게 하기 위해서는 기존에 알고 있는 지식이 많을수록 수월하게 기억합니다. 그러기 위해서는 글을 알고 있어야 하고, 종이에 필기구까지 갖춰져 있어야 하지요. 그런 의미에서 노트 필기는 매우 중요합니다.

전체 학습 시간을 100%로 보면 수업을 듣는 시간은(학교, 학원 포함) 전체 학습 시간의 60~80%를 차지합니다. 수업 시간에 제대로 듣지 않으면, 그 많은 시간을 허비하게 되는 것이지요.

수업 시간을 날리면 공부를 잘할 수도 없거니와 효율도 매우 낮을 수밖에 없습니다. 그리고 당연히 유치원에 비해 초등학교에서의 수업 시간과 전달 내용은 많아질 수밖에 없습니다.

공부를 잘하기 위해서는 수업을 잘 듣고 공부 내용을 복습해야 한다는 사실은 잘 알려져 있습니다. 학습자의 기억력 체계 안으로 편입시키기 위해서는 최대한의 반복이 필수입니다. 특정 내용을 완전히 기억할 때까지 기억했다가 잊어버리기를 반복해야 하는 횟수는 60~80번이라고 알려져 있습니다. 시간이 한참 지나도 기억하려면, 저 정도는 반복해야 한다는 것이지요. 이때 노트 필기가 중요한 역할을 합니다.

노트 필기를 하면 '몸'이 기억한다

기술의 발전이 꼭 인간의 학습 능력을 개선시키지는 않습니다. 교재가 보기 편하고 효율적이라고 해도, 일정 수준의 정보 유입과 반복이 이루어지지 않는 이상 사람의 뇌에 신경망을 형성시키지는 못합니다. 다양한 기억 전략과 기술이 있기는 하지만, 노트 필기만큼 쉽고 효과적인 방법은 흔치 않습니다. 속으로 칠판의 내용을 암송하면서, 손으로 써 가면서, 쓰는 내용이 맞는지 칠판과 비교하는 노트 필기만큼 '의미심장

한 반복'을 하게 만드는 학습 행동은 별로 없기 때문이지요.

물론 흔히 말하는 '깜지'를 쓰거나 의미 없는 반복은 기억을 돕는 것이 아니라 노트 필기에 대한 부정적인 감정을 증가시킬뿐이지만 말이지요. 더군다나 요즘은 예전과는 달리 노트가 아닌 태블릿 PC나 노트북, 프린트 아웃된 교재를 많이 사용합니다. 아이들이 글씨 쓰기를 싫어하고 시켜도 잘 하지 않으니 선생님들도 어느 정도 선에서는 포기하는 것 같습니다. 주변에서 도움을 받지 못하는 아이들의 성적이 더욱 저하될 수밖에 없는 악순환이 시작되는 시점인 것이지요.

노트 필기를 잘 하기 위해서는 칠판에 판서된 내용을 노트로 옮기는 과정에서 반복적으로 시연, 반복해야 합니다. 쓰는 과정에서 시각, 청각, 운동 감각 등의 다양한 감각을 활용해서 '몸이 기억'하게 되지요. 또한 뇌의 운동 영역과 관련된 부분도 덩달아 활성화됩니다. 노트 필기는 결국 시각적인 부분만 사용할지 혹은 청각적인 부분도 사용할지, 운동 감각 영역의 뇌까지 사용할지를 결정하는 중요한 선택 사항입니다.

많은 부분을 활용할수록 더 많은 뇌세포를 사용하게 됩니다. 그리고 한 영역만을 사용하는 것보다 더 다양한 영역을 사용할수록 이후에 더 많은 기억이 떠오를 가능성이 높습니다. 그런데 요즘은 교재가 너무 잘 나오고 심지어는 요약도 교재 모퉁이나 옆 날개에 되어 있는 경우도 많지요. 아이가 스스로 머리 쓸 일이 없고, 인지적인 노력을 기울일 일이 줄어들다 보니 오히려 기억이 잘 안 나는 경우도 많습니다.

아이의 학습 상담을 받던 가족 중, 아이가 노트 필기를 너무 싫어해서 갈등을 겪는 집이 있었습니다. 아이가 글씨 쓰기 자체를 너무 싫어하고, 노트를 어디다가 두었는지 몰랐지요. 그나마 가져 온 프린트는 너덜너덜하고 글씨는 알아볼 수 없었습니다. 엄마는 아이를 책상 앞에 억지로 앉히고 글씨를 바르게 쓰라고 감독하고, 아이는 자리를 벗어나려고만 하니 갈등이 심화되는 사례였지요.

위의 사례처럼 노트 필기의 중요성을 강조하기 위해서 강제로 필기하도록 만들면 아이는 거부감이 생길 수밖에 없겠지요. 아이와 실랑이를 할 거면 오히려 노트 필기를 시키지 않는 것이 나을 수도 있습니다. 앞서 말한 것처럼 노트 필기가 중요한 이유는 기억하기 위함입니다. 필기를 위한 필기가 아닌 '기억'을 위한 필기가 중요합니다. 수업 내용을 기억하기 위해서는 그것이 효과적이라는 것, 들인 내용 대비 가성비가 뛰어나다는 것을 아이들이 인식하도록 돕는 것이 필요합니다.

그렇다고 노트 검사를 해서 야단을 치고 간섭을 하면 필기 자체를 싫어하게 되니 주의가 필요합니다. 특히 글씨를 잘 못 쓰고, 노트를 관리 감독해 줄 누군가가 없고, 부모가 노트 필기를 해 본 적이 없는 경우라면 아이들이 필기를 잘하기란 거의 불가능에 가깝습니다. 그럼 반대로 부모가 노트 필기를 아주 잘하는 편이라면 어떨까요? 아이의 글씨도 마음에 들지 않고, 필기하는 것에 대해서 타박하면 글씨를 쓰거나 기록하는 행동 자체를 싫어하게 되겠지요?

부모가 중요하게 여기고 잘하는 것을 알려 주기 위해서는 직접 그 행동에 대한 정확한 방법을 알려 주는 것만큼이나 효과적인 것은 없습니다. 그러니 아이에게 노트 필기에 대한 긍정적인 기억과 인상을 심어 주는 것이 좋습니다. 어떻게 하면 노트 필기를 하면서 좋은 기억을 만들 수 있을까요?

글과 그림으로
일상의 기록 남기기

일상적으로 하루를 기록하는 일기에서부터 시작해 보세요. 그날 있었던 일을 글과 그림으로 남기고 하루를 돌아보면서 가장 기쁘고 즐거웠던 일을 돌아보는 단서로 삼는 것이지요. 물론 적다 보면 즐겁고 행복한 기억도 있을 것이고, 힘들고 어려운 기억도 있을 것입니다.

이렇게 그날그날의 기록을 유지하면서 행복한 기억을 남겨 보게 하세요. 아이도 그 노트를 보고 있으면 기록의 중요성을 상기할 수 있습니다. 습관이 되면 스스로 경험한 일을 되새기고 그것을 기록하는 데 겪는 부담감이 한결 줄어들게 됩니다.

글의 수준이나 그림의 질은 전혀 상관없습니다. 글을 잘 썼네, 그림을 못 그렸네 하는 평가는 접어 두세요. 좋았던 기억, 행복했던 기억을 떠올리는 것이 중요합니다. 그러기 위해서는 아이와 평소에 보내는 시간이 많아야 할 뿐만 아니라, 아이들과의 관계에서도 화내고 찡그리기보다는 웃는 시간이 많아야 합니다.

—

숙제나 준비물을 자주 깜빡한다면

아이가 준비물이나 숙제 등을 자주 깜빡하고 잊는 경우에 부모는 아이의 집중력이 안 좋은지 걱정합니다. 부모가 보기에는 아이가 자신이 좋아하는 것은 절대 잊지도 않고 잘하는데, 하기 싫은 활동은 잊어버린 척하면서 안 하려고 하는 것처럼 보이기도 하지요.

어른도 어떤 일은 기억하려고 애써도 생각이 안 나고 어떤 일은 잊으려고 해도 기억에 남습니다. 어떤 차이가 있을까요? 기억이 형성되는 가장 기본적인 이유는 조금 거창하게 말해서 생존을 위해서입니다.

언어가 발달하기 전 인간은 어떤 열매를, 어떤 동물을 먹으면 안 되는지, 어디에 위험한 동물이 사는지, 어디가 위험하고 어디가 안전한지를 잘 기억해서 생명을 부지했습니다. 인간의 인지 능력이 그림을 그리고 글자를 만들어 내게 되는 순간까지는 순전히 기억에 의존해야 했지요. 단순한 반복만 가지고는 기억하기가 쉽지 않으니까요. 문자가 발달하면서부터 인간의 기억과 지식은 비약적으로 발전하기 시작했습니다.

그런데 이렇게 문자로 기록을 남기기 시작하면서 오히려 직접적으로 기억해야 할 필요성이 줄어들었습니다. 더군다나 지금처럼 모바일 환경에서 즉각적으로 검색 엔진에 접속하여 정보를 검색하고 알아낼 수 있는 상황이 되니(심지어는 자동 완성 기능까지 있지요), 어떤 사실을 기억해야 할 필요성은 점점 더 줄어드는 것 같기도 합니다.

기록하는 아이는 더 오래 기억한다

인간의 지적인 능력을 지칭하는 용어 중에 '결정성 지능'이라고 부르는 것이 있습니다. 인간의 지능이 결정(決定)되었다는 뜻이 아니고, 점차적으로 결정(結晶)화 되어간다는 말입니다. 말하자면 배움과 경험을 통해서 형성되는 지적인 능력을 지칭합니다. 아이의 기억력을 증가시키는 직접적인 방법이 있을까요?

우선 타고난 기억력이 뛰어난 사람이 있습니다. 이런 사람들은 굳이 기억력을 증가시킬 방법을 배울 필요를 느끼지 못합니다.

반대로 기억력이 좋지 않은 사람이 있습니다. 이런 사람들은 자신이 보고 배운 내용을 기억하기 위해 여러 차례 반복해야만 합니다. 상황에 따라서는 반복해도 기억이 남지 않는 경우도 있습니다.

그럼 우리 아이의 결정성 지능을 증가시키고, 한번 배운 내용을 오래도록 기억하는 가장 좋은 방법은 무엇일까요?

무조건적인 반복이라고 말하는 사람들이 있습니다. 그러나 영어 학원에서 하루에 백 개씩 외우도록 만드는 단어 공부는 그야말로 시험을 위한 공부에 불과합니다. 논리상으로는 100개 외워서 그중 10개라도 남으면 10일이면 100개, 1000일이면 만 개를 외울 수 있어야겠지요. 그런데 막상 잊어버리는 비율은 이보다 높습니다. 그냥 공부를 했노라 하는 것 이외에 얻는 효용성은 참 제한적이지요. 그렇다면 아이가 효율적으로 공부하기 위해서 반복 말고 무엇이 더 필요할까요? 먼저 반복뿐만 아니라 그 의미를 좀 더 잘 이해할 수 있도록 정교화해야 합니다. 그리고 다른 학습 내용과 연결 지어 생각하는 조직화 작업이 필수입니다.

이렇게 아이가 배운 내용이든 자기가 경험한 내용이든 기록하는 과정을 익힐 수 있도록 도와주어야 합니다. 둔필승총(鈍筆勝聰)이란 말이 있습니다. 아무리 똑똑하고 기억력이 좋다고 하더라도 기록하는 것을 이기지는 못한다는 뜻이지요. 메모지여도 좋고, 연습장에 적어도 좋습니다. 중요한 수업 내용이라면 노트에 적어 두는 것이 좋겠지만, 이런저런 종이에라도 적어도 괜찮습니다. 떠오르는 아이디어를 그냥 머릿속에서 머무르도록 하는 것이 아니라, 바깥으로 드러나도록 하는 연습이 꼭 필요합니다. 말로 표현하는 것도 나쁘지 않습니다. 머릿속에서만 머무르는 생각을 바깥으로 드러내서 말하면 할수록, 더 많은 노력과 에너지가 들어가고, 더 많이 기억에 남으니까요.

즐거운 감정은 기억에 오래 남는다

반복보다 효과적인 방법을 소개하자면, '감정 묻은 기억(emotion charged memory)'을 인위적으로 만들어 내면 우리의 기억은 좀 더 오래 갑니다.

이유는 이렇습니다. 사람의 뇌에서 기억이 형성되도록 하는 영역과 감정을 담당하는 영역은 거의 일치합니다(뇌의 변연

계라는 영역, 해마 모양으로 생겨서 뇌 해마라고도 부릅니다). 감정이 유발되면 뇌 해마가 함께 각성되고, 그 상황에서는 기억에 좀 더 잘 남습니다. 반대로 지루하고 일상적인 사건은 감정적으로도 각성이 되지 않기 때문에 다시 말해 기억할 가치가 별로 없기 때문에 기억에 잘 남지 않습니다.

기억에 대한 연구들을 살펴보면 감정이 묻어 있는 사건이 더 잘 기억난다고 알려져 있습니다. 즐거운 감정은 일반적으로 불쾌한 감정보다 더 잘 기억하게 됩니다. 긍정적인 감정을 통해 형성된 기억을 살펴보면 더 많은 맥락적 세부 사항이 포함되어 있고, 기억을 더 잘하게 하는 데 도움이 됩니다. 수업 시간에 재미있는 농담이나 예를 들었던 부분은 잘 기억나는 이유가 이 때문입니다. 농담만 기억나고 정작 기억해야 할 내용은 기억이 나지 않아 곤란할 때도 있지만요.

좀 더 구체적인 방법을 살펴봅시다. 기억은 한 사건과 다른 사건을 떠올리고 이들을 뇌 속에서의 신경망을 연합시키는 결과물입니다. 반복은 이런 연합을 가장 쉽게 만드는 방법이고요. 그러나 단순 반복은 앞서 말한 것처럼 감정적인 각성도, 기억해야 할 동기도 만들지 못하기 때문에 기억이 잘 나지 않습니다. 그리고 두 가지 혹은 세 가지 이상의 기억의 연합이 이루어지려면 다양하고 다채로운 기본적인 지식 습득이 이루어진 상태일 때 더 기억에 남습니다. 결국 아이가 기억을 잘하려면, 역설적으로 많은 것을 알고 있어야 한다는 것이지요.

생생한 촉감과
단어를 연결해 기억하기

아이와 한번 해 볼 만한 기억법을 소개합니다. '신체법'이라는 기억 전략입니다. 이 방법을 소개하기에 앞서, 통상적으로 우리가 기억할 수 있는 단기 기억의 총량을 알아 볼까요?

여러 연구 결과에 따르면, 7±2라고 합니다. 한꺼번에 기억하려면 최대한 9개까지 기억할 수 있다고 합니다. 차량 번호나 핸드폰 번호의 경우, 단기간에 기억해야 하기 때문에 그 자릿수가 한정적인 것입니다. 이때 "010-****-1234라는 자리는 11자리인데요?" 하고 되물을 수도 있지만, 사실 010은 3자리가 아니라 한 덩어리의 정보로 봅니다. 워낙 익숙한 자극이니까요.

아이와 함께 해볼 만한 신체법은 우리에게 가장 익숙한 신체 부위와 외워야 할 단어를 연결시키는 방법입니다. 예를 들어, 외워야 할 단어가 아래의 단어라고 생각해 보세요.

얼음, 사과, 깡통, 송곳, 휴대전화, 칼, 수박, 레몬, 노트북 간단한 절차를 거쳐 보겠습니다. 아이에게 우선 위의 단어를 쭉 불러 주고, 외우도록 해 보세요. 그리고 몇 개나 기억에 남는지 확인해 보세요.

그런 다음 아래의 방법을 동원해서 한 번 더 외우도록 해 보세요. 위의 단어를 신체 부위와 각각 대입해서 외우는 것입니다. 이때, 최대한 감정이 유발되는 방식으로 연결할 수 있도록 합니다. 각각 외워야 할 단어가 신체적인 촉감이 느껴질 정도로 생생하게 떠올립니다.

가장 먼저, 얼음은 목덜미나 겨드랑이처럼 촉감이 예민한 곳에 있도록 상상시킵니다. '아이 차가워라…' 하고 더 적극적인 느낌을 가지도록 연상시킵니다. 사과나 레몬은 그걸 입에 물고 있는 상상을 하도록 합니다. 둘 다 신과일이니, 입에 물고 있으면서 삼키지는 못하게 하여, 침이 떨어지는 상상을 시키면 다소 불쾌한 경험이 형성되니 더 잘 기억할 테지요. 수박은 수박 꼭지를 입으로 물고 있으면서 떨어뜨리면 어쩌지 하는 생각을 하도록 만듭니다.

칼과 송곳은 손을 사용하는 도구이니, 양손에 각각 칼과 송곳을 하나씩 들고 있도록 상상시켜 보세요. 손잡이의 느낌이 생생하게 느껴지도록 기억하게 합니다. 그리고 이보다 더 생생한 느낌을 떠올리려면, 칼과 송곳을 서로 엇갈리게 하여 금속이 '지지지지직' 하고 부딪히면서 나는 소리를 생생하게 떠올리도록 하면 기억이 더 잘 납니다.

휴대전화와 노트북은 모두 시각적인 자극이니, 눈과 연결되어 있다고 여기도록 외우면 됩니다. 마지막으로 깡통에는 얼음이 담겨 있고, 그 깡통에 발을 넣고 있다고 상상하도록 하여, 그 차가움을 생생하게 느끼도록 합니다. 예를 들어 얼음이 녹으면서 발을 오그리는 느낌이라거나, 종아리에 깡통이 닿는 차가운 느낌을 느끼도록 유도합니다.

외워야 할 내용이 많으면, 눈을 감고도 훤히 떠올릴 수 있는 집이나 학교 같은 익숙한 장소로 바꿔도 됩니다. 3월 14일은 π-day입니다. 이날은 해마다 원주율을 소수점 어디까지 외울 수 있는지 도전하는 대회가 열립니다. 이때 우승자들에게 질문해 보면, 하나같이 이런 신체법이나 장소법을 사용해서 암기했다고 답합니다. 언뜻 보면 무의미해 보이는 숫자도 몇십 자리까지 외우는 것이 가능하니, 학습 과정에서 배우는 내용들은 사용하기에 따라서 더 잘 기억하게 됩니다.

다만, 주의할 점이 있습니다. 어떤 기억이나 사건에 부과되는 감정이 부정적인 경우, 세부사항은 사라지게 되고 불쾌하고 나쁜 감정만 남기도 합니다. 부모님에게 왜 혼났는지 이유는 기억 안 나고 혼났던 상황만 기억나는 상황이 대표적인 경우입니다. 강한 감정은 덜 감정적인 사건과 동시에 경험한 정보에 대한 기억을 손상시킬 수 있습니다.

기억에 더 잘 남도록 돕는 것은 정보의 중요성이 아니라 감정적 각성입니다. 예를 들어 영어 단어가 얼마나 중요한지에 대한 생각보다는 이것을 중요하다고 여기는 감정이 생겨야 기억력이 향상됩니다.

4강

집중력 향상 2단계

"집중력은 올바른 생활 습관에서 나온다"

생활 습관

4강에서 배울 집중력 향상 2단계에서는 아이의 집중력 향상의 밑바탕이 되는 생활 습관에 대해 알아봅니다. 아이의 집중력을 길러 주기 위해서는 평소에 먹고, 자고, 씻는 가장 기본적인 생활이 올바르게 형성되어야 합니다. 수면부터 시간 관리법, 독서 등 집중력과 학습 능력을 위한 좋은 생활 습관에 대해 알아보고, 이를 익힐 수 있는 방법에 대해 살펴봅니다.

아이가 책을 싫어하거나 가끔 읽는 책도 만화책만 읽는 경우를 흔히 볼 수 있습니다. 아이에게 독서를 억지로 권하지 않고 자연스럽게 독서할 수 있는 법을 얻어가길 바랍니다. 또한 아이가 싫어하는 과목에 흥미와 자신감을 느낄 수 있게 도와줄 수 있습니다.

수면 관리는 집중력의 기초체력

우리는 하루 24시간 중에 약 8시간을 자면서 보냅니다. 이 시간을 아까워하는 사람도 있고, 잠만큼 좋은 것이 없다는 사람도 있습니다. 자도자도 졸린 경우가 있고, 사람에 따라서는 4시간가량만 자도 생활에 무리가 없는 사람도 있습니다. 적정 수면 시간은 사람마다 모두 다르지요. 그럼 연령에 따라서는 어떨까요?

신생아들은 마치 고양이처럼 하루 종일 자야 합니다. 첫돌 무렵에는 하루 17시간에서 20시간가량을 자면서 보냅니다. 그리고 4~12개월 아기는 낮잠을 포함해 12~16시간의 수면이 필수라고 알려져 있습니다. 연구자마다 약간 다르게 제시하기는 하지만, 대략 3~5세는 10~13시간, 6~12세라면 9~12시간 동안 자는 것이 바람직하다고 알려져 있습니다. 청소년들의 경우에는 우리가 알고 있는 8시간에서 10시간 정도 충분히 자야 합니다.

미국 수면 재단(NSF: National Sleep Foundation)은 다음과 같이 주요 연령대별 권장 수면시간을 수정해 발표했습니다. 아래의 표를 참고하세요.

	권장	적당	부적당
신생아 (0~3개월)	14~17시간 (종전 12~18시간)	11~13시간 또는 18~19시간	11시간 이하 또는 19시간 이상
영아 (4~11개월)	12~15시간 (종전 14~15시간)	10~11시간 또는 16~18시간	10시간 이하 또는 18시간 이상
유아 (1~2세)	11~14시간 (종전 12~14시간)	9~10시간 또는 15~16시간	9시간 이하 또는 16시간 이상
미취학 연령 아동(3~5세)	10~13시간 (종전 11~13시간)	8~9시간 또는 14시간	8시간 이하 또는 14시간 이상
취학 연령 아동 (6~13세)	9~11시간 (종전 10~11시간)	7~8시간 또는 12시간	7시간 이하 또는 12시간 이상
10대(14~17세)	8~10시간 (종전 8.5~9.5시간)	7시간 또는 11시간	7시간 이하 또는 11시간 이상
청년 (18~25세)	7~9시간 (신설)	6시간 또는 10~11시간	6시간 이하 또는 11시간 이상
성인 (26~64세)	7~9시간 (종전과 같음)	6시간 또는 10시간	6시간 이하 또는 10시간 이상
노인 (65세 이상)	7~8시간 (신설)	5~6시간 또는 9시간	5시간 이하 또는 9시간 이상

이런 기준은 인간의 수면 4사이클, 1주기인 1시간 30분을 기준으로 생각하면 됩니다. 아주 단순하게 생각하면, 보통 성인 기준으로 대강 5주기를 자야(1.5시간X5=7.5) 된다고 알려져 있고, 그 시간이 대략 8시간 정도에 해당됩니다. 대략적으로는 4~6주기, 다시 말해 6~9시간 정도를 잠을 잔다고 보면 됩니다. 6시간 미만을 자도 되는 사람도 있고, 9시간 이상을 자야만 하는 사람도 있습니다.

아이들은 어릴수록 더 많이 자야 하고, 잠을 잘 자야만 집중할 수 있는 기초체력이 생겨납니다. 그래야 뇌세포도 더 많이 생겨나고, 뇌의 연결망들도 더 잘 만들어진다고 알려져 있습니다. 당연히 잠을 제대로 자지 못하면 못할수록 뇌세포의 성장이나 연결망 형성도 더디고, 피로감으로 말미암아 짜증이나 신경질이 늘게 됩니다. 일각의 연구에서는 요즘 폭발적으로 많아지는 ADHD가 사실은 수면 부족의 영향이 아니냐는 견해가 있을 정도로 적정 수준의 잠을 자지 못하는 아이들이 많습니다.

정교한 과제를 할 때는 숙면이 필수

수면 부족의 영향을 알아차리기 어려운 이유 중의 하나는 잠을 덜 자게 되면 운동 기능에는 상대적으로 영향을 덜 주고, 대근육을 이용한 활동을 할 때는 큰 지장을 주지 않기 때문입니다. 대신 정적인 활동을 하거나, 특히 고차원적인 주의 집중력이 요구되는 과제들을 수행할 때는 그 영향력이 더욱 커집니다. 주의 집중이 요구되는 과제에서의 수행이 현저히 저하되지요. 쉽게 말해 잠을 자지 않은 상태에서 공을 차거나 뛰는 것은 가능하지만, 정교한 나사 조립이나 수학 문제 풀기, 영어 문제 암기와 같은 과제는 잠을 충분히 잔 사람만큼 수행하기 어렵다는 뜻입니다.

심지어 잠을 잘 잔 그룹과 잠을 재우지 않은 집단 간의 기억 회상 연구를 보면, 잠을 잘 자야만 하는 이유는 더욱 명확해집니다. 두 집단에게 중립적인 뉘앙스의 단어 10개와 부정적인 뉘앙스의 단어를 암기하도록 했습니다. 그리고 한 집단은 잠을 충분히 재우고 한 집단은 잠을 덜 재우고 나서 기억하도록 했지요. 그러자 잠을 덜 잔 집단에서는 '암, 죽음, 우울' 같은 부정적인 뉘앙스를 지닌 단어를 더 잘 기억했습니다. 반면 잠을 잘 잔 잡단에서는 뉘앙스에 따른 단어 차이도 없을뿐더러, 더 많은 수의 단어를 기억했습니다. 잠을 잘 자는 것은 단지 신체적, 심리적인 건강을 위해서뿐만 아니라 인지 능력을 더 잘 발휘하도록 만드는, 그리고 집중력을 좀 더 잘 발휘하게 만드는 가장 기본적인 조건이 됩니다.

부모의 생활 습관이 아이의 수면을 좌우한다

먹는 것, 자는 것만큼 삶에 즐거움과 활력소를 주는 것이 또 있을까요? 그런데 자는 것을 거부하는 아이도 있습니다. 별다른 사건이 없는 경우라면, 아이가 잠을 잘 못 자는 이유는 대게 가족의 생활 패턴이 그렇게 정해져 있는 경우입니다. 부모가 늦게 퇴근하거나, 아이가 드라마를 보든, 학원이 늦게 끝나든 생활 리듬 자체가 밤늦게까지 유지되도록 형성된 경우입니다. 아이의 적정 수면을 가장 방해하는 요소는 부모의 생활 습관입니다. 그리고 그 행동이 아이의 집중력이나 학습에 어떤 영향을 미치는지에 대한 이해가 부족해서 벌어집니다.

예를 들어 아이가 학교에 가려면 7시쯤에는 일어나야 하고, 10~11시간쯤 자야 한다고 생각하면 최소한 9시쯤 잠자리에 들어야 합니다. 그래야 아이들이 좀 더 잘 일어나게 되지요. 그리고 아침에 깨우느라 실랑이를 하는 것보다는 잠을 재우는 시간을 당겨서 조금 일찍 재우느라고 실랑이를 하는 것이 훨씬 효과적입니다. 또 잠자기 직전에는 뇌를 과도하게 각성시킬만한 영어 암기나 수학 문제 풀이 같은 활동들은 피하는 것이 좋습니다. 상대적으로 뇌 활동이 덜한 동화책이나 옛날이야기 혹은 예전부터 보던 마음을 편안하게 하는 책을 읽는 활동을 하는 것이 더 바람직합니다.

—

집중해서 생활하는 시간 관리 능력

우리나라가 산업화되기 이전 시기, 농사를 짓던 시절에는 새벽-아침-점심-오후-저녁-밤의 대략적인 구분만으로도 큰 무리 없이 살아갈 수 있었습니다. 그러나 사람들이 직장과 학교에 다니면서는 약속한 일정에 따라 시간을 정확히 맞춰야만 하게 되었습니다. 그럴수록 '시간 관리'가 중요해집니다.

정해진 시간에 나타나는 것, 약속을 지키는 것도 시간 관리 능력에서 비롯됩니다. 또한 주어진 과제를 하는 것, 앞으로 벌어질 일을 예상하는 것, 정해진 시간만큼 분배하는 것, 이 모두가 시간 관리입니다. 엄밀하게 말하면 시간은 흘러가기 때문에 조정할 수는 없으니, 우리가 시간에 맞춰서 생활을 관리하는 '자기 관리'가 더 정확한 표현이겠지요.

아이의 시간 관리 능력을 길러 주는 법

우리가 흔히 생각하는 시간 관리 능력이 발휘되려면, 적어도 뇌의 기능상으로는 20대 중반이나 되어야 가능합니다. 왜냐하면 자신의 행동을 예측하고 목표지향적인 행동을 나타낼 수 있는 뇌의 전전두엽(쉽게 생각해서 앞쪽 두개골 바로 뒤쪽에 있는, 뇌 표면의 대략 25~30%정도 되는)의 발달이 24~25세 정도는 되어야 마무리되기 때문입니다.

지금껏 연구된 결과에 따르면 일반적으로는 대략 15~16세경에 운동신경이 발달합니다. 17~19세경에는 감정과 기억을 주로 담당한다고 알려져 있는, 그리고 파충류의 뇌라고 부르는 변연계가 제 기능을 할 만큼 성숙하게 됩니다. 그리고 전전두엽 부위는 이보다는 훨씬 늦은 24~25세는 되어야 마무리 된다고 알려져 있습니다. 뇌의 발달 순서와 그것을 담당하는 시간 관리의 관점에서 보면, 아이들이 시간을 제대로 지키지 못하거나 계획을 세우고 실천하지 못하는 일이 너무나도 당연한 것이지요.

그러니 초·중·고등학생이 정해진 시간에 정해진 일을 해내는 것은 마치 잘 안 드는 부엌칼을 들고 요리를 하거나, 구부러진 젓가락으로 묵이나 젤리를 깨뜨리지 않고 드는 것처럼 어렵습니다. 그렇다면 20대 중반이 되면 뇌가 성숙되면서 자동적으로 시간 관리를 잘할 수 있을까요? 안타깝게도 어느 날 갑자기 되지는 않습니다. 왜냐하면 뇌가 성숙하는 과정에서 수많은 시행착오를 거치고 그 시행착오를 경험하면서 뇌세포가 자라나기 때문입니다. 그렇다면 부모 입장에서 아이의 시간 관리 능력을 길러줄 수 있는 방법은 무엇이 있을까요?

첫 번째는 아이가 정해진 일을 해야 할 시간을 알아차리지 못하거나 끝마쳐야 하는 시간을 넘길 때에도 화내거나 다그치지 않는 것입니다. 공부나 학원 가기, 씻기와 같은 일을 부모가 반복적으로 알려 준다고 해도 아이의 뇌는 그것을 다 기억하지 못하지요. 이에 비해 게임이나 놀이는 아이의 '욕구'에서 비롯되기 때문에 자발적으로 하는 것이 당연합니다.

부모는 당연히 약이 오를 수밖에 없지만 아이의 이러한 특성을 이해하면서 화내지 말고 해야 할 시간을 반복적으로 알려 주는 것이 필요합니다. 세 번쯤 이야기했는데도 아이가 주어진 일을 시작조차 못하거나 실행하지 못한다면 이것은 아이의 인지나 의무, 책임감과 같은 상위 능력의 문제이기보다는 아이의 감정과 욕구를 살펴야 할 문제입니다. 아이가 어제, 그제까지 잘해왔다고 하더라도 오늘 기분이 안 좋거나, 그간 미숙한 뇌를 가지고 애를 쓰다 보니 피로가 누적되었을 수도 있거든요.

두 번째 방법은 그날 해야 할 일의 목록을 식탁이나 아이의 책상 등 눈에 잘 띄는 곳에 놓는 것입니다. 그날 할 일을 아이가 자연스럽게 볼 수 있도록 하고 가끔씩 상기시키는 것이지요. 이때 할 일 목록은 간결하게 만들되 반드시 휴식시간을 포함시키는 것이 필요합니다. 아이가 너무 싫어하고 반복적으로 미루고 거부하는 활동이 있으면 아이의 욕구를 고려해서 시간을 줄이거나 아예 활동을 중단하는 것이 장기적으로는 더 낫습니다.

세 번째는 알람 기능을 활용해서 정해진 시간에 알람이 울리면 과제를 수행할 수 있도록 하는 방법입니다. 알람 소리를 각기 다른 종류로 설정해서 어떤 소리에는 어떤 과제를 해야 하는지를 자동으로 알아차릴 수 있도록 도와주세요. 그리고 정해진 시간에 정해진 양만큼 아이가 공부 내용을 따라오지 못하면, 아이에게 공부 시간을 맞추는 것이 바람직합니다. 당장의 습관 형성보다는 멀리 보았을 때 공부에 대한 거부감을 줄이고 배우는 것에 호감을 가지도록 하는 것이 더 좋습니다. 이러한 토대가 시행착오로 작용하고, 차곡차곡 경험이 누적되면 그제야 우리가 알고 있는 시간 관리 능력이 완성됩니다.

시간 관리는 곧
자기 관리의 완성

시간 관리 능력의 완성은 사실, 자기 관리 능력의 완성을 뜻합니다. 주위를 보면 공부해야 할 때 공부하고, 놀 때 놀았던 사람들이 행복하게 살고 있지 않나요? 놀 때 놀고, 공부할 때 공부하는 집중력을 발휘하는 아이가 훗날 해야 할 일을 제때 해내는 사람이 될 것입니다.

다른 여러 부문에서와 같이 시간 관리도 조기 교육이 중요합니다. 다만 부모가 생각하는 조기 교육과 효율적인 시간 관리 조기 교육은 상당히 거리가 있는 것처럼 보입니다. 예를 들어, 예전에 마치 보디빌더처럼 운동을 시켜 아주 어린 나이였지만 근육이 흡사 성인처럼 만들어진 아이를 본 적이 있습니다. 나중에는 결국 아동 학대 논란에 휩싸일 정도였지요. 시간이 지나 청소년기에 도달한 아이의 모습을 보니, 예전의 근육은 더 이상 보이지 않더군요. 개인적으로 참 다행이라고 여겼습니다.

부모가 아이에게 시간 관리를 조기 교육한다는 것이, 혹여 사춘기에도 도달하지 못한 열 살짜리에게 근육맨 흉내를 내도록 하는 것이 아닌가 하는 하는 걱정을 해 보기도 합니다.

부모가 초등학생에게 할 수 있는 시간 관리 교육이란 정해져 있는 시간을 어른처럼 알아서 칼같이 지키고 억지로 해내야 하는 것을 강제하는 것은 아닙니다. 오히려 아이가 정해진 시간을 지킬 수 있도록 시작 시간을 반복적으로 알려 주는 것이지요. 아이가 끝마칠 시간까지 같이 견뎌 주는 것, 중간에 너무 힘들어 하면 아이의 상태에 맞추어 조절해 주는 것 또한 포함됩니다. 또한 시간을 지키지 않으면 자신과 타인에게 어떤 일이 벌어지는지를 덜 비난적이고 덜 파괴적인 방식으로 몸소 깨닫게 하는 훈련입니다. 이렇게 부모가 아이를 너무 재촉하지 않고 차근차근 경험할 기회를 준다면 아이는 시간 관리를 좀 더 편안하게 습득할 수 있지 않을까요?

—

싫어하는 과목도 몰두하는 습관 기르기

게임 외에는 전혀 흥미를 보이는 일이 없는 아이가 있었습니다. 공부를 먼저하고 게임하기로 몇 차례 약속했지만 아이는 잘 지키지 않았지요. 아이는 게임하는 시간은 칼같이 지키면서 공부할 때는 5분씩 늦게 시작했지요. 그마저도 수시로 물을 마시러 나오거나 스마트폰 메시지를 확인하면서 집중하지 못했습니다. 학업에 문제가 있는 것은 물론이고, 생활 습관도 모두 게임을 중심으로 이루어져 있었습니다.

게임을 좋아하는 자녀가 있는 가정이라면 위의 사례는 낯설지 않은 풍경일 것입니다. 아이들은 아무래도 공부보다는 노는 것이 좋지요. 한때 '뽀통령'이라고도 불렸던 애니메이션

뽀로로 가사에 "노는 게 제일 좋아"라는 절대 명제(?)가 나옵니다. 수학 문제를 푸는 것보다, 영어 단어를 외우는 것보다 노는 것이 좋지요.

그럼 수학 문제를 놀이 삼아 푸는 아이는 어떨까요? 드물기는 하지만 있습니다. 성인의 경우에도 난해한 문제를 풀거나, 프로그래밍처럼 복잡한 지적인 활동, 피겨 스케이팅이나 고난이도의 운동을 즐기는 경우가 있습니다. 어떤 의사들은 40시간에 가까운 심장 수술처럼 어려운 일에 흥미를 느끼고 거기에 몰두하기도 합니다. 이렇게 어떤 사람은 엄두도 못 낼 매우 힘들고 새로운 것을 추구하거나 사람을 새로 만나는 것처럼 힘들어 보이는 행동을 선뜻 하는 사람이 있는 반면에, '집콕'을 하면서 변화를 너무나도 싫어하는 사람도 있습니다.

아이가 좋은 습관을 익히게 하려면

어떤 행동이 습관이 되기까지 걸리는 시간이 대략 50~60일 정도라는 연구 결과가 있습니다. 여기서의 '어떤 행동'이란 별로 하고 싶지는 않지만 바람직해 보이는 활동입니다. 예를 들어 식사 후에 양치를 하는 행동을 말합니다. 이와 같은 행동은 아이가 언뜻 생각했을 때 '이 일을 왜 해야 하지?' 하는 생각을 할 수 있습니다. 그리고 '그걸 습관으로 만드는 것이 왜 필요하지?' 하는 생각을 하게 됩니다.

아이가 어떤 행동을 반복하기 위해서는 그 행동이 주는 즐거움을 체험해 보아야 합니다. 하고 싶은 일, 자신이 원하는 일을 하는 데 들이는 '열정'보다는 '노력' 혹은 '의무'에 더 가깝습니다. 아이가 공부에 이런 열정을 보이면 얼마나 좋을까요? 혹은 자신의 인생에 대한 책임이나 의무를 알고서 자발적으로 하면 얼마나 근사할까요?

아이가 처음부터 공부하는 일에 몰두하고, 학교에서 배우는 수많은 과목이나 활동 중 일부에 관심을 기울이면 참 좋겠지요. 하지만 아이마다 개성과 취향은 제각각입니다. 그래서 운 좋게 학교에서 교과목으로 채택된 영역(국어, 영어, 수학, 사회, 과학 등)에 적성과 관심을 가지고 태어난 아이도 있고, 그렇지 않은 아이도 있습니다. 공부 적성의 측면에서만 본다면 세상은 불공평한 것 같습니다. 하지만 노력을 하지 않으면 자신의 재능을 십분 꽃피울 수 없다는 점에서는 공평하지요. 세상의 불공평함은 수용해야 할 일이고, 자신이 노력을 할지 말지는 조금 더 선택의 영역에 가까우니 다행입니다.

피할 수 없는 일을 즐기게 하는 원리

어떤 행동을 '물 만난 고기'처럼 즐기기 위해서는 자신이 해야 하는 일을 충분히 누리는 마음이 필요합니다. '피할 수 없으면 즐겨라'와 같은 맥락입니다. 아이가 피할 수 없는 일을 해내고, 나아가서 그런 일을 즐겁게 하기 위한 방법을 소개합니다.

이 방법은 어른들은 익히 사용했던 방법일 수도 있고, 또 마음대로 되지 않음을 뼈저리게 체험한 방법이기도 할 것입니다. 심리학에서는 '프리맥의 원리'라고 부르는데, 아주 간단하게는 '공부를 먼저 하고, 그다음에 게임을 하는 것'입니다. 자연적으로 발생할 확률이 낮은 '공부'를 먼저 하고, 그다음에 아이의 일생생활에서 공부보다는 일어날 확률이 높은 '게임'을 하도록 하는 것이지요. 이 방법을 적절하게 활용하면 아이들이 공부에 조금은 더 흥미를 느낄 수도 있습니다.

여기서 먼저 할 것과 나중에 할 것의 연결이 중요합니다. 맥주하면 치킨이 연상되고, 극장하면 팝콘이 연상됩니다. 마찬가지로 공부하는 대가로 게임을 하도록 하면, 공부의 '공'만 떠올려도 게임이 연상되겠지요? 그런데 아이러니하게도 공부나 숙제와 같은 활동을 게임과 연결시키지 않는 것이 좋습니다. 그럼 공부하고 싶지 않은 아이에게 어떻게 공부에 흥미와 자신감을 가지게 할 수 있을까요?

첫 번째는 공부와 게임은 엄연히 별도의 활동임을 상기시키는 것입니다. 공부를 한다고 게임을 허용하는 것이 아니라, 원래 정해진 시간만큼 허용하는 것이 좋습니다. 아이가 게임을 워낙 좋아하고 간절히 바라니 부모의 입장에서는 게임을 이용해서 권유와 협박이 섞인 협상을 하게 되지요. 그런데 공부와 게임을 연결고리로 만들어 두는 것이 좋지 않은 다른 이유는, 나중에 게임을 못하게 하면 공부도 하지 않는 상황이 발생하기도 합니다. 아이에게는 게임을 비롯해서 아이가 좋아하는 활동이 당연히 해야 하는 일인 것처럼, 공부도 당연히 해야 하는 활동이라는 인식이 생기도록 합니다. 예외적으로 아이가 "공부할 테니까, 게임하면 안 돼요?"라고 나오는 경우에는 한 번쯤 고려해 봄직 하지만, 이때에도 공부와 게임은 별도로 취급해서 다루는 것이 좋습니다.

두 번째는 다양한 과목과 활등을 경험하는 것입니다. 아이들은 대개 좋아하는 과목을 잘하고, 잘하는 과목을 좋아합니다. 그런데 어떤 과목을 좋아하는지, 잘하는지를 알아보려면 일단 무엇이든 시도해야 하지요.

잘해서 좋아하든 좋아해서 잘하든, 부담감 없이 다양한 활동을 하다 보면 이전과는 다른 느낌을 가지게 됩니다. 아이가 이런 행동을 하기 위해서는 단순히 "잘할 수 있을 거다", "너도

할 수 있을 거다"라는 말보다는 행위의 주체인 아이가 '어라, 이게 되네?', '어… 이거 해 보니까 되는 거였네?' 하는, 의구심이 확신으로 바뀌는 경험을 제공하는 것이 좋습니다.

이때 자신이 잘한 적이 없거나, 좋아한다고 여기지 않았던 것에 대한 선부른 경험은 오히려 새로운 경험을 하는 데 방해하는 요소가 됩니다. 그러니 변화에 저항적인 아이일수록 어떤 과목을 처음 접할 때 조심스럽게 접근해야 합니다. 아주 낮은 난이도에서부터 차근차근 시작하고, 이후에 점차적으로 난이도를 높이는 것이 좋습니다. 그 과정에서 '잘했다, 천재다'와 같은 과잉 칭찬보다는 아이가 잘하고 있음을 알려 주며 단계별로 적정 수준의 피드백을 제공하는 것이 필요합니다.

그리고 아이가 정말로 싫어할 경우일지라도 해야 할 최저선의 기준을 정해서 꾸준히 해나가야 합니다. 이때 꼭 필요한 것이 물질적인 보상보다는 부모와의 긍정적인 상호작용입니다. 공부가 하기 싫어도, 부모와 그나마 재미있게 할 수 있는 활동이라면 참을만 하겠지요. 다만 이런 상황에서도 부모와의 관계를 빌미로 아이를 겁주는 일은 피해야 합니다.

—

매일 독서는 집중력을 향상시킨다

초등학생 자녀를 둔 엄마들을 만나다 보면 종종 듣게 되는 이야기 중의 하나가 "애가 도무지 책을 읽으려고 하질 않아요"입니다. 또는 아이가 '말풍선 나오는 책', '만화책'만 좋아하고, 이마저도 그림만 보거나 유머러스한 장면만 쏙쏙 골라보는 모습을 보면서 '저러다가 글자만 있는 책은 안 보면 어쩌지?' 하고 걱정합니다.

어떤 엄마는 주 1회 도서관에 같이 가서 아이가 좋아하는 것을 사주기도 해 봤지만 아이는 도무지 책 읽을 생각은 하지 않았지요. 이 아이도 어쩌다가 책을 봐도 만화책만 보고 책을 볼 때마다 무언가를 사달라고 졸랐습니다.

이런 경우에 아이가 어떻게 책과 친해지고 책을 읽을 수 있는 여건을 만들고 있는지 질문하면 엄마들이 자주 하는 대답이 있습니다. "제가 책을 열심히 보고 있으면, 애들이 그 모습을 보고 따라서 보지 않을까요?"라는 대답이지요.

그런데 독서를 싫어하는 아이는 엄마의 행동을 따라 하는 것이 아니라, '엄마는 저걸 좋아 하나 보네' 하면서 강 건너 불구경 하듯이 자신과는 전혀 무관한 것으로 보기도 합니다.

독서로 쌓는 집중력의 기초체력

언뜻 보면 독서와 집중력이 도대체 무슨 상관이냐고 생각할 수도 있습니다. 그런데 자세히 들여다보면, 독서와 집중력은 상호보완적인 관계입니다. 닭이 먼저인지, 달걀이 먼저인지 판단이 어려운 것처럼 독서를 좋아하는 사람이 집중력이 뛰어난지, 집중력이 뛰어난 사람이 독서를 좋아하는 것인지 구분이 어려울 때가 있습니다. 단, 집중력이 뛰어난 사람은 책을 잘 읽을 수도, 아닐 수도 있지만 자신이 처한 상황에서 잘 적응하는 일에 유리합니다.

더군다나 공부와 관련해서는 예체능과 같은 실기도 이론이 뒷받침되어야 하고, 이런 이론들은 대개 서적이나 논문으로 정리되어 있지요. 중요 과목이라고 부르는 과목들은 수업을 듣거나 동영상 강의를 통해서 지식을 습득하게 되는데, 복습으로 혼자서 공부해야 하는 시간이 늘어나면 결국 책이나 노트를 보면서 공부를 해야 합니다.

모든 체력 운동의 기초가 달리기이듯, 대부분의 공부의 기초는 읽기에서 시작합니다. 글자를 읽고 거기에 담긴 깊은 뜻, 행간을 읽는 능력이 발달해야 더 고차적인 사고를 하게 됩니다. 고차적인 사고가 가능하다는 것은 결국, 머리도 더 좋아지고 더 효율적으로 공부할 수 있게 된다는 뜻입니다.

아이에게 책 읽는 습관을 배양해 주기 위해서, 가장 먼저 책을 읽어야 하는 이유에 대한 생각을 다르게 해 보는 과정이 필요합니다. 막연히 '책을 읽어야 하니까' 하는 생각에서 벗어나야 합니다.

인터넷이나 유튜브가 없던 시절에는 책이 지식을 습득하는 주요 통로였습니다. 그전에는 입에서 입으로 구전되고 몸으로 배웠지요. 그러나 지금은 세상이 정말 많이 바뀌었습니다.

예전에는 지식의 양 자체가 매우 한정적이었고, 특정 계층의 사람들에게만 독점되는 경우가 많았습니다. 그러나 요즘처럼 정보가 넘치는 시기에는 양질의 정보를 접하고 거르는, '생각하는 힘'이 필요합니다. 무비판적으로 정보를 기억하다가는 지엽적이고 부분적인 지식이 마치 세상의 전부라고 착각하게 됩니다. 정보를 통합하거나 비판적인 사고를 하는 힘은 책 읽기를 통해 기를 수 있습니다.

대개 부모가 아이에게 책을 읽히려는 이유를 고민해 보면, 책을 읽는 과정을 통해 지식을 습득하고 스스로 생각하는 힘을 길러 주려는 의도가 대부분입니다. 다른 집 아이들은 책을 많이 읽는데 우리 집 애들은 안 읽으면 왠지 지는 듯한 느낌을 지울 수가 없기도 하지요.

부모가 다른 집과 비교하면서 자신들이 부러워하는 집의 아이들이 나타내는 행동에만 주목하는 경우가 많습니다. 그런데 사실 다른 집 아이들의 행동이 나타나도록 만든 그 집 부모의 행동이 어떤지 주목해 보는 편이 더 바람직한 것 같습니다. 우리 아이를 그 집 아이처럼 만들기보다는 내가 그 집 부모처럼 행동하고 생활하면 오히려 우리 아이의 행동을 더 빨리 바꿀 수 있기 때문입니다.

게임하는 아이,
책 읽히는 엄마

주말마다 게임하는 아이가 있었습니다. 엄마와 아빠는 모두 독서를 좋아하는 사람들이었고요. 아이가 책을 싫어했느냐 하면 그것도 아닙니다. 아이가 '엄마가 보기를 원하는 책'을 안 봤을 뿐이지요. 이 엄마는 아이가 만화책을 보는 것도 싫어하고, 게임하는 것도 싫어했습니다.

아이가 주말에 빈둥대는 꼴을 도저히 못 보겠으니, 주말마다 캠핑이나 외출 등 야외 활동을 하는 방법을 선택했습니다. 그런 와중에도 엄마는 저에게 “제가 내려놓아야 하는데, 그게 안 되네요. 선생님” 하시더군요. 이렇게 '내려놓는다'라는 표현을 쓰는 부모님을 종종 만나게 됩니다. 그런데 자식에 대한 기대를 내려놓는 일은 정말 어렵습니다.

제가 이 가족에게 했던 제안 중의 하나는 굳이 아이에게 책을 읽히느라고 에너지를 과도하게 소모하고, 힘겨루기를 하기보다는 아이에게 읽히고 싶은 책을 먼저 주중에 부모가 읽는 것이었습니다. 그리고 주말마다 캠핑을 다녀오는 차 안에서 아이와 이런저런 이야기를 하면서, 그 책의 내용으로 자연스럽게 엄마 아빠가 토론하기를 권했습니다.

물론 이 방법도 아이가 너무 싫어하면 사용할 수 있는 방법은 아닙니다. 또 너무 노골적으로 책의 내용을 전달만 하려고 하면, 아이가 캠핑을 다니는 것을 싫어하겠지요. 가장 좋은 방법은 엄마 아빠에게도 재미있고 흥미로운 주제로, 아이도 관심을 느낄 만한 책을 읽고 이야기를 나누는 것입니다. 아이가 음악을 듣거나 스마트폰 게임을 하지 않고, 엄마 아빠의 이야기를 자연스럽게 듣게 하는 것이지요.

아이에게 책을 읽히는 것보다 책 내용을 어떻게 소화하고 이해하도록 돕는지가 중요합니다. 사전에 충분히 배경지식이 축적되면, 추후에 그 책 내용을 접했을 때 좀 더 수월하게 이해할 수 있습니다.

책을 읽히려는 욕심으로 부모가 먼저 책을 읽는 조건으로 아이에게 보상을 제안하는 방법은 효과가 적습니다. 아이가 먼저 "책을 보면, 뭘 해 주세요" 하는 제안을 하기 전까지는 책을 보는 것과 물질적인 보상은 연결하지 않는 편이 좋습니다. 그리고 게임, 스마트폰 하기와 같은 보상과도 연결 짓지 않는 것이 바람직합니다.

한 권을 읽을 때마다 일정 금액으로 보상하는(예: 책 한 권+간단한 독후감= 1,000원) 방식은 잠깐 동안은 아이의 독서 시간을 늘릴 수 있겠지요. 그러나 이후에 보상을 주지 않으면 읽지 않게 됩니다. 예외적으로 아이가 아무것도 하지 않고 무기력해져 있다가 회복되는 상황인 경우, 보상을 통해서 행동을 시작할 수 있다면 나름대로 유용한 방법이 되겠지요.

다만 보상을 통해 얻는 즐거움에서 그치지 않고 장기적으로는 책에 대한 흥미로 서서히 옮겨가도록 하는 것이 좋습니다. 이를 위해서는 줄거리에 대한 논의와 아이를 향한 격려가 필요합니다. 아이가 책에서 읽은 내용을 말할 때, 아이를 바라보는 눈빛, 관심을 보여 주는 정도가 아이가 향후 책을 더 읽을지 말지를 결정하는 요소가 되기도 합니다.

다시 말해 책을 읽는 것에 대한 보상 중 가장 부작용이 덜한 것은 또 다른 책을 사거나 빌려서 읽고, 부모와 아이가 읽은 내용에 대해서 감정적인 소모 없이("책을 사줬는데도 왜 읽지 않니?"와 같이 혼나거나 부정적인 상호작용 없이) 나눌 수 있는 것이 아닐까 합니다.

잔소리하지 않고 책 읽게 하는 법

아이가 책을 좋아하게 만들려면 먼저, 아이가 재미있어 하고 좋아하는 책을 여러 차례 반복해서 읽어 주세요. 그리고 의미가 무엇인지, 사용되는 낱말과 단어들은 어떤 것이 있는지 아이가 원할 때마다 답해 주세요. 그리고 비슷한 주제나 이야기, 등장인물이 나오는 책으로 점차적으로 확장하는 일종의 중복 학습이 필요합니다.

부모가 잘 모르는 어휘가 나올 경우, 반드시 사전을 찾아보는 것을 권해 드립니다. 그 정확한 의미와 용례, 이음동의어와 사용되는 맥락을 아이와 함께 나누는 활동이 필요합니다. 이를 통해 아이의 사고도 깊어지고 관심도 넓어집니다.

중요한 점은 아이가 책을 읽는 행위에만 집착하지 마시길 바랍니다. 책 읽기를 통해서 아이가 진정으로 키웠으면 하는 능력은 아마도 혼자 시간을 보내는 능력, 스스로 생각하고 배워가는 능력이겠지요.

그러니 책에만 너무 집착하지 마시고, 앞의 사례처럼 아이에게 읽히고 싶은 주제의 책을 부모가 먼저 읽고 부부 간에 자연스럽게 대화해 보세요. 그리고 아이에게 그 주제에 대해서 어떻게 생각하는지 견해를 묻고, 아이에게 알려 주고 싶은 내용을 이야기하는 과정을 거칩니다. 그러면 아이는 자연스레 해당 지식이 늘어납니다. 이렇게 지식이 축적되다 보면 언젠가는 아이가 책을 보게 될 것입니다. 미리 부모와 이야기하면서 혹은 귀동냥으로 축적해 놓은 지식들은 아이의 머릿속에 저장됩니다. 그리고 나중에 책을 볼 때 '아, 이거 어디서 보던 내용인 걸?' 하고 생각하지요. 많은 내용을 접한 아이일수록 좀 더 수월하게 책 읽는 습관을 익힐 수 있습니다.

—

평생 가는 생활 습관을 길러 주는 법

'올바른 생활 습관'이란 말에서 부모가 담당해야 할 일은 매우 광범위합니다. 그러나 한편으로는 단순하기도 합니다. 가장 기본적으로 먹고 자고 씻으며, 해당 활동을 규칙적인 시간에 하는 것입니다.

먹고 자는 일은 인간의 생활 리듬과 밀접한 관련이 있고, 일생 동안 해야 하지요. 인간의 가장 기본적인 욕구와 연결되어 있습니다. 그리고 씻기는 당장은 하지 않아도 되지만, 장기적으로는 위생과 건강의 문제를 유발할 수 있습니다.

먹기, 자기, 씻기와 관련된 리듬이 온전하게 잘 형성되어 있다고 해서 나머지 생활 습관이 바로잡히는 것은 아니지만,

기본이 바로잡혀 있지 않으면 나머지 습관을 형성하는 데 많은 어려움을 겪게 됩니다.

아이의 입장에서는 '먹고 싶을 때 먹고, 졸릴 때 자면 어때?'라고 생각할 수도 있습니다. 그러나 학교를 다니고, 성인이 되어서는 직장 생활을 해야 합니다. 학교나 학원에서 돌아와 해야 할 학습지나 숙제를 매일 정해진 하는 습관이 필요하지요. 다른 사람과 어울리면서 살아가고, 정해진 시간에 나타나서 정해진 시간에 일을 하고, 정해진 시간에 무언가를 하는 습관은 꼭 필요합니다.

규칙적인 생활 습관이 집중력을 기른다

아이들의 규칙적인 생활 습관과 집중력이 도대체 무슨 관련이 있을까요?

일상의 리듬이나 규칙이 일정해지는 것은 생활에서 안정감이 생긴다는 뜻이고, 그만큼 신경 써야 할 일과 스트레스가 줄어든다는 뜻이기도 합니다. 아이가 졸리고 배고픈 상태에서는 집중이나 공부가 당연히 안 되니까요.

규칙적인 생활 습관을 갖도록 도와줄 때는 아이의 연령대에 맞는지 고려해야 합니다. 주변 아이와 어느 정도 비교하면서 아이가 따를 수 있는지 아닌지를 판단해 보아야겠지요. 그리고 생활 습관을 구조화하는 방법 중 가장 중요한 것은 '미리 알려 주고 예측하기'입니다. 미리 알려 주고 예측 가능하도록 만들면, 대개의 아이는 '아, 이제 이것을 해야 하는구나' 하고 받아들이게 됩니다. 그러나 예외의 아이도 있게 마련입니다. 예를 들어 지능이 지나치게 높거나 낮은 아이, 혹은 기질적으로 까다롭고 예민한 아이는 이런 규칙과 틀을 깨려고 하거나 따라오기 버거워 할 수 있습니다.

이 과정에서 부모는 아이가 지시를 잘 따르는지 반드시 점검해야 합니다. 밥을 먹거나 잠자는 시간의 경우, 십중팔구는 정해진 시간에 이루어지도록 하는 것이 바람직합니다. 또 다른 생활 습관으로는 학교, 학원에서 오자마자 손발을 씻고, 잠깐의 휴식도 있어야겠지요? 이 잠깐의 휴식 시간에는 가급적이면 게임이나 스마트폰을 하지 않는 것이 좋습니다.

밥 먹는 것과 잠자는 것은 생물학적 욕구와 연결되어 밥을 안 먹으면 배고프고, 잠을 잘 못자면 졸리거나 신경질적이 되지요. 그러나 씻기나 공부는 하지 않아도 이런 생물학적인 결핍감이 생기지 않습니다. 그러니 덜 급하게 생각하지요. 여기서부터는 별도의 조치들이 필요합니다. 생활 습관과 공부, 집중을 하지 못하는 결과는 그 인과 관계를 알아차렸을 때는 너무 늦지요. 당장의 욕구로만 보면 아이가 공부하고, 해내는 것은 부모의 욕구이지 아이의 욕구는 아니니까요.

인생은 거대한 리듬으로 이루어져 있습니다. 이 거대한 리듬을 구성하는 가장 기본적인 축이 균형 잡힌 생활 습관입니다. 반복되는 리듬과 규칙을 유지할 수 있다는 뜻은 그만큼 안정적인 삶을 살아간다는 방증입니다.

한편으로 이런 리듬을 유지하기 어렵다는 뜻은 그만큼 생활이 불규칙해지는 상태라는 의미입니다.

아이가 제때 밥을 못 먹고, 잠을 자지 못하고, 씻지 못하는 비일상적인 일이 일상이 되는 상황에 놓였다면 공부는 덜 중요한 일이겠지요. 가장 기본이 무너진 상황에서는 공부나 집중은 다음 단계의 일이니, 무너진 생활 습관과 일상을 먼저 바로잡는 것이 급선무입니다.

5강

집중력 향상 3단계

“회복탄력성이 높아야 집중력이 좋다”

마음 습관

5강의 집중력 향상 3단계에서는 먼저 집중력을 키우는 데 핵심인 회복탄력성과 이를 키울 수 있는 방법을 알아봅니다. 회복탄력성은 아이의 자존감 형성뿐만 아니라 집중력과도 큰 관련이 있습니다. 회복탄력성의 주요 구성 요소인 자기조절능력과 긍정성을 키우는 구체적인 방법을 알아봅니다.

아이의 집중을 방해하는 주요 요인 중 하나인 불안함에 대해서도 자세히 살펴봅니다. 불안의 종류와 아이가 불안할 때 발생하는 상황, 아이를 불안하게 만드는 부모의 말을 살펴보고 아이가 불안함을 잘 조절할 수 있는 방법을 알 수 있습니다.

낯선 것을 싫어하는 아이, 물질적인 보상에만 반응하는 아이, 쉽게 포기하고 실패를 두려워 하는 아이 등 다양한 사례를 담았습니다. 이를 통해 아이의 회복탄력성을 길러 주고 집중력 향상을 돕는 마음 습관에 대해 알아가길 바랍니다.

—

자기조절력의 기본, 회복탄력성

'탄력성'은 스트레스와 마찬가지로 물리학에서 온 단어입니다. 복원력이라고 부르기도 합니다. 원래부터 탄력성은 외부 압력과 스트레스에 견디는 힘을 의미했습니다. 고무로 된 짐볼을 눌렀다가 놓으면, 눌렀던 힘을 상쇄시키며 다시 올라오는 것처럼요.

성공만으로 이루어진 인생은 없지요. 살다 보면 반드시 자신의 의지나 욕구가 좌절되는 상황을 마주하는데 그 상황을 극복하는 중요한 요소가 '회복탄력성'입니다. 다만 막연하게 참거나 견디는 것만을 의미하지는 않습니다. 주로 시련이나 고난을 이기는 긍정적인 힘, 크고 작은 역경과 어려움을 도약의 발판으로 삼는 긍정적인 힘으로도 봅니다.

고무공의 탄력이 좋으려면, 좋은 재료와 좋은 기술로 만들어야 합니다. 마찬가지로 아이의 회복탄력성은 어느 정도는 선천적으로 타고난 부분과 후천적인 양육이 맞물리면서 형성됩니다. 하루아침에 이루어지는 것도 아니고, 아이 혼자서 만들기도 어렵습니다. 타고나기를 너무 예민하게 타고 났는데 보통의 부모가 양육하면 부모와 아이 모두에게 무척 힘든 과정을 겪기도 합니다.

무난한 기질을 타고났더라도 이후 양육 과정에 따라 변화하기도 합니다. 감정조절능력이나 타인과 상호작용하는 법을 제대로 배우지 못한 경우에도 영향을 줍니다. 또한 아주 큰 스트레스에 노출되거나, 아주 작은 만성적인 스트레스에 지속적으로 노출되면 회복탄력성을 제대로 발휘하기 어렵습니다.

아무리 재료가 좋아도 이후의 공정이 올바르지 못하면 좋은 고무가 되지 못하지요. 오랫동안 눈, 비, 직사광선에 노출되는 고무가 쉽게 탄력을 잃는 것과 같습니다. 아이의 기질을 잘 이해하고, 그에 맞게 유연하게 잘 '조율'하는 것이 곧 아이의 회복탄력성을 키워 주는 방법입니다. 아이 스스로도 자신을 잘 알고 이해해야 하며, 그러기 위해서는 부모가 먼저 아이의 심리적, 정서적 특성 또한 파악해야 합니다.

자기조절능력은 충동성을 다스린다

회복탄력성이 높은 아이들은 대개는 자존감이 높고, 살면서 마주하게 되는 스트레스를 아주 효율적으로 잘 다뤄 나갑니다. 실패를 하더라도 더 잘 견디고, 그 경험에서의 시행착오를 이후에 적응하는 것으로 체득합니다. 반대로 회복탄력성 수준이 낮은 아이들은 늘 스트레스에 압도되고, 자신의 실패를 자신과 동일시하게 되고, 패배의식이나 부정적인 사고가 넘쳐날 수도 있습니다.

회복탄력성의 가장 중요한 핵심은 '자기조절능력'입니다. 자기조절능력은 스스로 부정적 감정과 충동성을 통제하고, 긍정적 감정과 건강한 도전 의식과 더불어 기분에 휩쓸리지 않고 정확한 대처 방안을 찾아낼 수 있는 능력입니다.

회복탄력성의 또 다른 중요한 구성 요소로 '긍정성'을 들 수 있습니다. 긍정성은 지금 상황을 내가 원하는 방향으로 이끌 수 있다는 자신감을 의미하지요. 평소에 자신의 강점에 집중하고 꾸준히 수행하여 긍정적 뇌를 단련합니다.

상담실에서 내담자분을 만날 때 '이렇게 힘든 일을 경험했는데, 어떻게 이렇게 잘 살고 있는 거지?' 하는 생각을 하기도 합니다. 예전에 본 영화 〈세 얼간이〉에서 "모든 것이 잘 될거야(All is Well)"라는 대사가 참 인상적이었습니다. 잔디밭을 반복해서 다니다 보면 조그만 길이 생기는 것처럼 사람의 마음과 생각도 마찬가지입니다. 지속적으로 가다듬다 보면, 자연스럽게 긍정적인 생각과 감정이 일어나게 마련입니다. 사람들 중에는 간혹 "최악의 상황을 가정하면 오히려 긍정적이 될 수 있어요"라고 이야기하는 사람도 있지요. 그러나 장기적으로는 앞으로 벌어질 일에 대해서 낙관적이고 긍정적인 견해를 유지하는 편이 더 좋습니다. 불안을 감소시키고 궁극적으로는 자신이 원하는 결과를 얻어내는 데 도움을 주기 때문입니다.

긍정적인 아이가 되는 감사 습관

모든 아이가 긍정주의자나 낙관주의자로 타고나지는 않습니다. 그러나 긍정성을 심어 줄 수는 있지요. 하려는 것이 무엇이 되었든, 성패와는 상관없이 '일단 시작하는 것'이 낙관주의자가 되는 지름길입니다.

물론 그 결과를 실패로 받아들이는지, 성공으로 받아들이는지, 일시적인 것으로 보는지, 지속적인 것으로 보는지에 따라서도 많이 달라지긴 합니다. 이때 긍정적인 마음을 가지기 위한 가장 중요한 수단 중의 하나는 매사에 감사하는 마음 갖기입니다. 더불어서 아이에게도 긍정적이고 낙관적인 태도를 갖게 만드는 수단 중의 하나는 '감사하기'입니다.

감사는 단순히 "감사합니다"라고 표면적인 인사치레를 하는 것과는 다른 종류의 심리적, 행동적 사건입니다. 감사는 고맙게 여기면서 예의 바른 태도를 가지는 동시에 정중하고 너그러운 태도로 표현하는 것이기도 합니다. 특히 자기 자신보다는 타인을 더 생각하는 것과 관련이 있습니다. 감사를 표현하면 타인에게도, 자신에게도 긍정적인 영향을 주고 행동마저 변화시키는 데 도움이 됩니다. 먼저 부모가 주어진 일상에 얼마나 감사하는지 생각해 보기 바랍니다.

아이와 함께 아래의 감사 목록을 적어 보세요.

내가 생각한 지난 1주일 동안 감사 목록	아이가 말한 지난 1주일 동안 감사 목록

감사할 목록이 얼마나 되나요? 많으면 많을수록 좋습니다. 만일 감사할 일이 하나도 없으면 다음의 절차에 따라서 아이와 한번 생각해 보기 바랍니다.

첫 번째는 내가 감사해야 할 대상의 목록을 만드는 것입니다. 고마운 일, 오래도록 기억에 남는 일에서 시작하는 것이 좋겠지요? 그것이 사람일 수도 있고, 사물일 수도 있고, 과거의 어떤 대상일 수도, 현재의 무엇일 수도 있습니다.

두 번째는 누구에게 무엇을 감사할지를 정했다면, 어떻게 감사를 전할 것인지에 대해서도 생각해 봅니다. 직접 전화나 메시지로 표현할 수도 있지만, 시간이 너무 흘러 그럴 수 없는 대상인 경우도 있습니다. 당장 연락하기에 너무 민망할 수도 있지만 구체적으로 무엇에 감사하는지 적습니다. 이때의 감사 표현은 나를 위해 어떤 구체적인 행동을 한 사람에게 합니다.

가장 흔한 방법은 "감사합니다"라는 말을 직접 적는 것에서 시작하는 것입니다. 어떤 면에서 감사한지, 어떻게 감사한지, 감사하는 대상의 행동이 나에게 어떤 영향을 미쳤는지를 구체적으로 적어 봅니다. 이때 그 사람의 영향력이 나에게 미친 부분이 구체적일수록 좋습니다.

감사할 대상을 정하기가 너무 막연하고 어려우면 지금 곁에 있는 배우자나 아이에게 감사의 마음을 전하면 됩니다. 다만 이때 배우자든 아이든 그 감사의 대상이 행한 '결과'에만 초점을 맞추지 않도록 합니다. 다시 말해 배우자가 벌어 온 경제적인 성취인 돈이나 사회적 지위나 직장 내에서의 직급, 아이가 잘한 성적, 점수에만 초점이 맞추어지지 않도록 합니다.

감사하는 습관은
회복탄력성을 키운다

그럼 행위의 결과 외에 무엇에 초점을 맞추어야 좋을까요? 그 '존재 자체'에 대한 감사에도 초점을 맞추어 보기를 바랍니다. 만일 배우자든 아이든 행위의 결과나 존재 자체에 감사할 일이 하나도 떠오르지 않는다면, 다음의 가능성을 생각해 보기 바랍니다.

가족 관계가 악화되어 있는 상황이거나 혹은 내가 가진 부정적인 생각과 감정이 나를 강하게 지배하는 상태인지 돌아봅니다. 혹은 감사하는 방법을 전혀 배우지 못한 채 살아왔을 수도 있습니다. 어느 쪽이든 자기 자신과 배우자, 자녀에게 좋은 영향을 미치기는 어렵습니다. 이런 경우에는 아이의 정서적인 어려움이나 부부 간의 갈등으로 문제를 돌리지 말고, 스스로를 돌아보면서 전문적인 도움을 받아야 할 수도 있습니다.

아이들이 행복하게 살아가기 위해서는 부모가 먼저 감사하는 방법을 배우고, 나아가 자신과 자녀에게 익숙한 방식으로 자녀에게 감사하는 법을 가르쳐 주는 과정이 필요합니다. 주변에 마치 타고난 것처럼 감사 표현을 잘하는 사람들이 있습니다. 이런 사람의 대부분은 어린 시절부터 타인의 호의에 부모가 진심으로 '감사합니다'라고 표현해야 한다고 배워 온 사람일 것입니다. 이런 부모는 대개 아래의 절차를 거쳐서 설명해 줍니다.

첫 번째로는 자신만의 표현 방식으로 자녀에게 감사의 의미와 중요한 이유를 설명하고, 부모가 습득한 감사하는 방법을 자녀에게 보여 주면서 일상에서 감사하는 방법을 연습시킵니다.

두 번째는 자녀가 타인에게 감사할 수 있도록 부모가 모범을 보이고, 기꺼이 자녀들이 감사 표현을 연습할 수 있도록 돕습니다.

세 번째로 어쩌다 감사하는 척을 하는 모습이 아니라, 지속적으로 자녀들이 감사하는 태도를 갖도록 꾸준히 격려합니다.

이렇게 자연스럽게 정중하고, 예의 바르게 감사하는 자세가 몸에 배어 있는 사람들은 기쁨과 감사를 불러일으킵니다. 어떤 사람은 '세상이 나를 버렸다'라고 믿지만, 어떤 사람은 세상이 자신을 환영한다고 믿습니다. 세상 사람들이 자신을 환영하도록 만드는 방법은 곧 감사하기 나름입니다.

마지막으로 회복탄력성이 아이의 대인관계에 미치는 영향을 살펴보겠습니다. 회복탄력성은 아이가 인간관계를 진지하게 맺고 오래도록 유지하는 능력에도 영향을 줍니다. 다른 사람의 심리나 감정 상태를 잘 읽을 수 있고, 다른 사람과 연결되어 있고 타인과의 관계 속에서 자신을 이해하는 능력입니다. 대인관계를 형성하고 유지하는 능력도 부모의 영향력이 절대적입니다. 대인관계 요소의 건강한 발달을 위해서는 아이의 욕구가 무엇인지 잘 알아차리는 부모의 민감성과 더불어, 아이가 원하는 욕구를 충족시켜 주려는 부모의 노력, 한계를 설정해서 어디까지 허용해야 하는지에 대한 유연한 양육기술이 필요합니다.

—

불안과 집중,
그 애증의 관계

불안한 아이들을 참 많이 봅니다. 자신의 감정을 잘 표현하는 어른들은 '불안하다, 걱정된다'라고 말하지만, 아이들은 종종 배탈, 메스꺼움, 두통, 수면 문제처럼 다양한 신체적인 증상으로 표현하는 경우가 더 많습니다.

엄마와 떨어지려고 하지 않거나, 새롭고 낯선 것에 대해 질색하는 방식으로 행동하기도 합니다. 울거나 떼를 쓰고, "다시는 못 볼까 걱정이 된다"는 말로 분리 불안을 호소합니다. 학교에 가기 싫다거나 창피하다, 친구들이 싫다는 말로 불안을 표현하기도 합니다. 위험에 민감하게 반응하는 기질을 타고났거나 부모가 불안한 경우, 아이들은 좀 더 불안한 자극에 민감하게 반응합니다.

항상 불안한 아이와
매사 태평한 아이

한동안 상담을 오던 아이가 있습니다. 아이는 대체로 차분했습니다. 그런데 늘 상담 시간을 5분씩 늦거나 좀 심한 날은 10분을 늦더군요. 아이에게 왜 늦었는지 물었습니다. 약속 시간은 지켜야 한다고 알려 주기 위한 목적에서 물은 것이 아니라 정말 왜 늦었는지에 대해서 질문했습니다.

알고 보니 아이는 상담 시간에 와서 무슨 이야기를 할지, 준비가 다 끝난 상태에서 현관에서 머릿속으로 정리를 한 뒤야 출발했습니다. 그래서 늘 조금씩 늦었던 것이었습니다. 비난받거나 야단맞을 일이 없는 상담에서도 이런 걱정과 불안에 시달리면서 상담을 해왔던 것이지요. 아이는 잘못할까 봐, 야단맞을까 봐 불안해 하면서 집중력이 떨어졌습니다. 정작 잘해낼 수 있음에도 불안하기 때문에 더 못하는 악순환이 시작되고, 이전의 실패 경험으로 다시 불안해지는 것이지요.

불안감은 없을수록 좋을 듯하지만 꼭 그렇지는 않습니다. 너무 적으면 적은 대로, 많으면 많은 대로 좋지 않습니다. 상담 현장에서 불안하지 않은 아이는 좀처럼 보기 어렵습니다.

그런데 불안을 전혀 느끼지 않는 아이들을 만나는 경우가 간혹 있습니다. 대개 천하태평이어서, 주변에서 도대체 무슨 일이 일어나는지 관심도 별로 없고, 앞으로 벌어질 일에 전혀 걱정도 하지 않으니 무엇인가를 배우거나 준비해야 할 필요성도 느끼지 못합니다.

불안감이
집중력에 미치는 영향

불안은 크게 '특성 불안'과 '상태 불안'으로 구분합니다. 특성 불안은 막연하지만 지속적으로 느끼는 불안으로 비교적 변화하지 않는 개인의 성격적 특성입니다. 특성 불안은 아이마다 개인차를 보입니다. 위협적이지 않은 상황에서도 위험 신호로 감지하며 긴장을 일으키고, 이를 해소하기 위해 다양한 행동을 보입니다.

아이에 따라서 입술을 빨거나, 손톱 주변의 피부나 손톱 자체를 물어뜯기도 하고, 심한 경우는 발톱을 물어뜯기도 합니다. 의자를 덜컹거리거나 다리를 떨거나, 경우에 따라서는 자위 행위를 하게 됩니다. 이런 아이들의 공통점은 이런 행동을 통해서 긴장을 감소시키고, 편안해지는 이완된 상태를 추구한다는 점입니다. 성장하면서 자극 여부와 상관없이 지속적으로 유지되면서 성격 특성으로 굳어진 경우이지요.

만성적으로 긴장하며 지내 온 아이들은 기질적으로 불안하지 않더라도 불안한 자극에 더 쉽게 반응하면서 걱정이나 염려를 하게 됩니다. 주변 사람들과 환경에 영향을 받게 마련이지요. 특히 부모가 많이 불안한 상태라면 기질적으로도 아이가 불안할 가능성이 높고, 불안한 아이가 아니더라도 부모가 계속 불안감을 자극하면 덩달아 불안해집니다.

상태 불안은 과거 경험에서 위협적인 것으로 평가된 자극 상황에서 발생합니다. 상태 불안의 반응 빈도는 아이가 느끼는 위협의 양에 비례합니다. 아이가 위협적으로 느끼는 자극의 지속성과 유사한 자극이나 상황에 얼마나 노출되는지가 매우 중요합니다. 특성 불안이든 상태 불안이든 이러한 불안은 아이를 산만하게 만들고, 집중력을 감소시킵니다.

불안한 상태는 각성 수준으로 보면 필요 이상으로 과잉 각성된 상태입니다. 이렇게 되면 완전히 늘어져 있을 때와는 또 다른 방식으로 과제 수행을 방해합니다. 여기서 각성은 '정신이 깨어 있는 상태'를 말합니다. 그래서 흔히 그 어렵다는 '적당히'가 여기서도 필요합니다.

약간 졸린 상태는 각성이 덜 된 상태고, 흔히 말하는 '정신이 덜 차려진 상태'이지요. 이때 사람들은 약간 몽롱한 상태에서 벗어나려고 세수를 하거나, 커피를 마시는 행동을 합니다. 너무 정신이 덜 차려져서 '더 각성되게' 하는 조치인 셈이지요.

'여키스-도슨 법칙(Yerkes-Dodson Law)' 혹은 '최적 각성 가설'에서는 사람들이 수행하는 과제의 성격에 따라 각성 수준이 달라진다고 합니다. 쉬운 과제는 각성 수준이 높을 때 수행 능력도 함께 증가하고, 어려운 과제는 각성 수준이 낮을 때 수행 능력이 증가한다는 말입니다.

각성 수준이 최적(optimal level of arousal)일 때란, 공부하기 좋은 각성 수준이 있고, 운동하기 좋은 각성 수준이 있다고 구분하는 것입니다. 운동을 재미있게 하고 난 체육시간 다음 수업에는 차분하게 집중하기가 쉽지 않습니다. 신체 활동에서 형성된 각성 수준은 공부할 때 요구되는 수준과는 다르거든요. 동기화가 적절하게 일어나면, 수행 능력도 최고가 된다는 것입니다. 그러나 환경 내에서 적당한 자극이 주어지지 않으면 각성 수준은 최적이 될 수 없습니다. ADHD인 아이들은 각성 수준이 일반적인 아이들보다는 낮기 때문에 평균으로 끌어올리는 노력을 해야 합니다. 반대로 불안한 아이들은 너무 각성되어 있기 때문에 조금 낮추는 작업이 필요합니다.

여러 불안 증상이 일상생활에 지장을 초래할 정도라면, 주변에서 증상을 심하게 만드는 스트레스 요소를 찾아내고 감소시켜야 합니다. 아이에게 "그건 나쁜 습관이야"라거나 "엄마가 하지 말랬지"라고 윽박지르거나, "네가 노력해라" 같이 아이들에게 무언가 바뀌기를 요구하기보다는 환경적인 요인을 찾아야 하지요. 그리고 행동 개선을 도와주는 작업이 필수적으로 병행되어야 합니다.

아이가 낯선 것을 너무 싫어해요

아이들 중에는 유난히 새롭고 낯선 것을 싫어하는 아이들이 있습니다. 딱히 이유가 있기보다는 말 그대로 '그냥'입니다. 변화에 대해서 저항적인 성향의 아이들은 새로운 상황에 놓이는 것 자체를 극도로 꺼려합니다. 낯선 음식, 낯선 사람, 낯선 공간처럼 새로운 대상과 친해지기 어려워합니다.

심리학에서는 '경험에 대한 개방성이 매우 낮은' 아이들이라고 부르기도 하고, '위험 회피 수준이 높은' 경우라고 부르기도 합니다. 대개 우리가 '불안한 아이'라고 부르는 아이들과 어느 정도는 겹칩니다. 사람이든 경험이든 공부든 간에 모두 피하려는 경향성을 보이는 아이들의 경우, 새롭고 낯선 모든 것을 싫어합니다. 낯선 것을 싫어할 뿐만 아니라 두려워하지요. 아주 극단적인 경우에는 주변의 나무나 엘리베이터 같은 눈에 보이는 사물들, 새로운 장소에 가거나 새로운 경험 자체를 꺼리기도 합니다.

이에 따른 증상은 매우 다양하게 나타납니다. 일단 새로운 것을 무조건 거부하고, 손톱을 물어뜯거나 입술을 쥐어뜯기도 하고, 새로운 장소에 가거나 새로운 음식을 먹이는 데도 애를 먹습니다. 이렇게 불안한 아이들 중에는 자주 오줌을 누어야 하는 빈뇨 증상을 나타내는 아이도 있고, 새로운 것을 너무 싫어하는 나머지 대소변을 지리는 경우도 있습니다.

이런 증상은 왜 일어날까요?

아이를 위한 행동이 불안을 초래하는 경우

애초부터 외부 자극을 민감하게 받아들이도록 타고나는 경우도 있고 후천적인 경우도 있습니다. 양육자가 자주 바뀌거나 여러 힘든 스트레스를 어려서부터 경험한 아이라면 불안한 자극에 더욱 민감하게 반응하게 됩니다. 어른의 입장에서는 전혀 무섭거나 두려울 일이 아니지만 아이에게는 너무 무서운 자극이기 때문이지요. 이렇게 사물에 대한 공포나 변화에 대한 저항이 형성되는 근본적인 원인은 생존에 필요하기 때문입니다.

부모가 아이를 위해서 하는 여러 교육적 조치나 제안이 오히려 아이를 불안하게 만드는 경우도 있습니다. 예를 들어 아이의 반대에도 더 좋은 교육 여건을 위해 아이가 아는 사람이 전혀 없는 곳으로 학교나 학원을 옮기는 경우입니다.

사회적으로 매우 위축되고, 자신감 없는 학생을 상담한 적이 있습니다. 자신이 사는 지역에서 공부를 꽤 하던 편이었다가 학업을 위해 아는 친구들이 전혀 없는 지역으로 옮기게 되었지요. 그이후 성적도 떨어지고, 그리 활달하던 아이가 위축되어서 더 이상 또래들과 말도 잘 섞지 못하고 아주 수동적이 되었습니다. 아이는 너무 힘든 나머지 부모에게 반복적으로 울면서 힘들다고 호소해서 원래 살던 지역으로 되돌아갔습니다. 그런데 원래 친했던 친구들이 다른 친구들과 더 가까워져서 이전처럼 친해지지 못하고 겉돌았습니다.

그나마 이 학생은 자신이 원하던 지역으로 다시 돌아갔으니 망정이었습니다. 또 다른 학생은 중학교, 고등학교 내내 울면서 학교를 다니다가 어찌저찌 대학은 갔으나 그 이후의 대인관계에서도 아주 많이 위축된 채 지내게 되었습니다. 가슴 한 켠엔 부모에 대한 원망이 자리 잡았지요. 부모는 아이를 위해서 한 행동이었지만, 아이 입장에서는 친구들과 강제로 떨어져 억지로 적응해야만 하는 과정에서 잃어버린 것이 너무도 많았습니다.

간접 경험을 통해 믿음 심어 주기

아이의 머릿속에는 아주 오랜 인류의 진화와 생존의 결과물이 작동하고 있습니다. 인간은 원시 시대부터 위기에 처하면 싸워야 할지 도망쳐야 할지를 결정해야만 했지요. 그 과정에서 몸이 거기에 맞추어져서 최적화되는 과정을 거쳤습니다. 이런 상황이 된다면, 아이는 의식적으로 자각하기에 앞서 자동적으로 온통 '생존'하는 데 초점을 맞추고 나머지는 부차적인 것이 됩니다.

따라서 낯선 것을 싫어하는 아이에게 새로운 것을 강요하면 아이는 화를 내게 됩니다. 이런 화는 사실 스스로를 보호하기 위한 수단이기도 합니다.

낯설고 새로운 장면 혹은 과제를 접할 때 일시적으로 압도되고 긴장하는 아이에게 역시나 이완할 수 있는 심리적 환경이 중요하겠지요. 점진적인 접근과 전략적인 인내가 핵심인 것 같습니다. 부모가 외적인 환경 조절을 통하여 아이에게 '내 주변의 환경을 통제할 수 있다', '내가 하고 싶지 않으면, 부모님은 내가 원하는 것을 들어준다'는 믿음이 마음속에 만들어져야 합니다. 그리하여 낯선 것을 싫어하는 아이를 위해서는 앞으로 벌어질 일을 충분히 설명해 주는 과정이 필요합니다.

아이에게 윽박지르기보다는 "사람은 늘 새로운 환경에 놓이게 된단다", "늦든 이르든 경험할 일이니, 이번에 조금만 해 볼까?", "하다가 하고 싶지 않으면 언제든지 그만둘 수 있어", "그렇게나 싫으면, 잠깐 쉬었다가 다시 해 볼까?", "다른 사람들은 어땠는지 인터넷에서 찾아 볼까?"처럼 부모의 말만이 아닌 다양한 경로로 간접경험을 제공하는 것이 좋습니다.

낯선 것을 싫어하는 아이는 남보다 다소 늦더라도 천천히, 확실하게 전진하는 아이입니다. 부모가 아이의 두려운 마음을 충분히 이해하고 받아들이는 작업이 필요합니다. 도대체 언제까지 그래야 할까요? 적정 시기라는 것이 특정 나이보다는 아이가 일상을 생활하는 데 '낯선 것이 낯설지 않을 때까지' 심리적인 시기로 이해하는 것이 더 좋습니다. 아이가 단계별로 어떤 과제나 자극에 접근할 수 있도록 부모가 일종의 디딤돌이나 사다리, 마중물의 역할을 하는 것이 중요합니다.

아이가 원하는 일을 스스로 선택할 자유

부모 교육에서 있었던 일입니다. 열심히 강연을 하던 중, 노트북으로 제 강의를 열심히 타이핑하던 아버님께 질문했습니다. "아이가 하고 싶어 하는 것을 더 열심히 하고, 하고 싶어 하지 않는 것을 하도록 동기를 만들어 주려면 부모는 무엇을 하면 좋을까요?" 하고 물었지요. 사업가인 아버지는 "저는 아이를 설득하지 않아요. 아이와 비즈니스를 하지요"라고 당당하게 대답하시더군요. 이 아버지는 아이가 하고 싶든 하고 싶지 않든 보상을 정해서 그냥 하도록 만들더군요. 오랜 시간이 지났지만 아직도 많은 생각이 드는 만남이었습니다.

아이의 내적인 욕구나 흥미보다는 외적인 보상에 의해 움직이는 방식도 아이의 욕구를 확인하는 좋은 방법이기도 합니다. 하지만 외적인 가치에만 초점을 맞추면서 내적 동기화로 전환되지 않으면 장기적으로는 욕구와 동기가 감소하는 경우가 많습니다.

주의 집중력을 잘 발휘하고, 몰입을 잘하는 사람이 되기 위해서는 에너지를 분산시킬 만한 마음의 짐(정서적 어려움, 불안감, 우울감, 화나는 기분 등)이 적은 상태여야 하지요. 아이가 자신이 원하는 것을 정확히 잘 골라내고 발달 단계에 알맞게 그러한 동기를 발휘할 수 있어야 합니다. 그러기 위해서는 자신이 원하는 것과 그렇지 못한 것을 스스로 구분하는 지혜가 필요합니다. 이 지혜는 그냥 생겨나는 것은 아니고 부모, 친구, 가까운 사람이 알려 주고, 그것을 실제로 체험해 보는 과정의 연속을 통해 깨닫게 됩니다.

이 과정에서 부모가 시키는 대로 어쩔 수 없이 하면 '내가 원한다고 해도 어차피 바라는 대로 안 된다'라는 믿음이 생깁니다. 또는 아이가 원하는 것을 부모가 억지로 막으면 '부모가 하지 말라니까 하지 말아야지' 하는 식으로 자신의 욕구를 온전하게 인식하지 못하겠지요. 이러한 방식으로 성장하는 아이가 어른이 되면, '아, 내가 뭘 원하는 거지, 난 뭘 바라는 거지' 하고 자신의 욕구를 알지 못하게 됩니다.

그 과정에서 다른 사람의 욕구에 조종당하면서 끌려다니거나 그냥 덩달아서 움직이게 되지요. 여러 면에서 불행해지는 시발점이 됩니다. 따라서 아이에게는 큰 틀은 정해 주지만 사소한 것은 스스로 선택할 수 있도록 선택권을 부여하는 것이 필요합니다.

아이의 요구,
어디까지 들어줘야 할까?

아이가 자신이 원하는 것을 정확히 알지 못하는 이유는 참으로 다양합니다. 아직은 미성숙해서 그럴 수도 있지만, 상담 과정에서 만나는 부모의 질문을 가만히 되새겨보면 왜 그런지 알 것도 같습니다. 부모 상담하면서 가장 많이 듣게 되는 질문 중 하나가 "아이가 요구하는 것을 들어줘야 하나요, 말아야 하나요?"입니다. 사실 이 질문의 답은 아이의 특성에 따라, 부모의 양육 방식에 따라, 아이의 요구에 따라 달라집니다.

아이의 자율성 수준이 높으면 아이가 크게 다치지 않는 선에서 허용해 주고, 그 결과를 직접 몸으로 체험하도록 하는 것이 바람직합니다. 물론 다각적인 측면에서 아이의 요구가 가지는 위험성과 결과를 충분히 생각해야 하고, 너무 위험하다고 판단되는 경우에는 허락하면 안 되겠지요.

또 결과를 아이가 감당하는 경우라도 부정적인 말은 삼가는 편이 좋습니다. 부모가 허락한 상태에서 진행했기 때문에 "거 봐라, 엄마가 뭐랬니? 진작에 말 좀 듣지 그랬어" 하는 식의 말은 아이가 화나게 만들 뿐 아니라, 부모의 의견을 전혀 필요로 하지 않는 상태가 되어 파국으로 치닫는 관계가 형성되기도 하거든요.

반면 자율성 수준이 낮은 아이는 부모가 지속적으로 관여나 격려로 더 많은 관심을 주면, 역으로 그 수동성이 더 강화되기도 합니다. 그러니 아이가 자율성 수준이 낮다면 아이가 스스로 요구할 때까지 부모가 조금 더 기다려 주고, 원하는 것이 생길 때까지 견뎌 주는 것이 숙제입니다. 이때 주의할 점은 아이가 부모에게 무언가를 요구할 때 잘 기다리다가 '마침 잘 걸렸다' 식으로 대응하지 않는 것입니다. 아이의 요구와 상관없이 부모가 원하는 대로 더 많은 것을 주면 아이는 다시 움츠러들기 때문이지요.

그래서 자율성 수준이 높은 아이든, 낮은 아이든 부모의 평소 양육 태도가 중요합니다. 부모의 양육 태도는 매우 유연해야 합니다. 하고 싶지 않은 것과 해야 할 것을 해 줄지 말지를 구분하는 데 있어서 가장 중요한 양육 태도 중의 기본은 "해 주고 화내는 것보다는 안 해 주고 화 안 내는 것이 낫고, 아이가 평소와 달리 반복해서 요구하면 한 번 더 생각해 본다"는 것입니다. 또한 평소 아이의 행동과 달리 이번엔 뭔가 좀 다르다는 느낌을 받는다면, 그냥 지나치지 말고 이전과는 다르게 반응해야 합니다.

하기 싫은 일을 하지 않을 권리

평소에 부모가 아이가 원하는 요구를 잘 들어주면 결정적인 상황에서 아이는 부모의 말을 듣게 됩니다. 이를 위해서는 평상시 아이 스스로 어떤 행동에 결과가 따르는지 체험해야 하고, 그래야 부모가 말리는 일을 감행했을 때 어떤 결과를 경험하는지를 몸소 체험하게 됩니다.

이런 과정을 거쳐야 아이가 어떤 자극이나 상황에서 촉발되는 감정이 좋은지 싫은지를 바로 자각할 수 있습니다. 또한 그와 관련된 생각이 옳은지 그른지 판단할 수 있으며, 행동에 대한 책임이 자신에게 있다는 사실을 깨닫게 됩니다. 이런 깨달음을 주기 위해서는 아이에게 선택권이 주어져야 합니다. 하기 싫은데 억지로 해야만 하고, 하고 싶은데 꼭 참아야 하는 일이 반복되면, 어느새 아이는 자기 자신조차도 속이게 되는 일을 반복하겠지요. 하기 싫은 일이든 좋은 일이든 의욕 없이 수동적으로 할 것입니다.

공부하면 유튜브를 보여 주는 보상의 함정

우리는 인생을 살면서 좋은 일만 하면서 살 수는 없습니다. 그렇다고 해서 하기 싫은데 해야만 하는 일로만 이루어진 세상이라면 행복하기 참 어렵겠지요. 그렇다면 아이에게 조건을 내세우는 방식은 어떨까요?

어느 정도는 도움이 될 테지만 아이와 관계가 '조건'으로만 이루어지면 어느 순간부터는 아이가 먼저 '이거 하면 뭐 해 줄 건데?'라는 식의 이야기를 하게 됩니다. 외적인 보상은 보상 그 자체가 아니라 사회적 인정과 승인의 기능을 넘어서야 합니다. 그렇지 않고 보상 자체에만 머무르면, 반복적으로 다른 물건이나 조건을 요구하는 경우를 보게 됩니다. 아이 입장에서는 새로운 물건이나 조건이 곧 사랑과 인정인 셈이니까요.

원치 않는 행동을 하면서 얻은 보상의 경우, 그에 대해서 과도한 애착을 형성하거나 혹은 정반대로 막 소비하거나 써버리는 행동을 보이기도 합니다. 자신이 하기 싫은 행동을 한 대가로 얻어냈기 때문이지요. 따라서 아이가 원치 않는 일을 노력하게 하면서 억지로 외적인 대가를 주기보다는 아이가 원하는 것과 원하지 않는 것이 무엇인지 먼저 파악합니다. 그리고 그 둘을 구분하는 기준과 이유를 알아야 합니다. 그리고 나서 아이로 하여금 그 행동을 지속하도록 설득할지 포기할지를 결정하는 것이 바람직합니다.

그리고 부모의 기준이나 생각보다는 아이의 감정을 헤아리는 것이 중요합니다. 부모의 입장에서 합리적인 것인데 아이가 그것을 싫어하는 경우가 많지요. 이때 부모의 '논리'로 아이의 '감정'을 설득하거나 강압적으로 대하기보다는, 그 일의 결과에 대해서 있는 그대로 이야기하는 과정이 필요합니다. 아이의 감정을 수용하는 과정을 거쳐야 아이가 자신의 욕구와 감정을 좀 더 명료하고 수월하게 인식하게 됩니다. 그리고 그제야 자신이 바라는 바를 명확하게 인식할 수 있습니다.

부모의 말은 '대개는' 지켜져야 한다

이솝 우화에 나오는 나그네의 옷을 벗기는 시합 이야기를 생각해 보세요. 사람을 변화시키는 것은 매몰찬 바람이 아니라 따스한 햇살입니다. 아이가 안전하다고 느끼고 부모가 나를 위한다는 느낌이 아이의 마음을 열고 행동을 변화시킵니다. 이런 안정감을 느낄 수 있는 중요한 요소가 또 있는데, 바로 '신뢰'입니다. 한 번 뱉은 말은 잘 지켜야 하는데, 그런 면에서 보면 '남아일언중천금'보다는 '부모일언중천금'이란 말이 더 어울릴 것 같네요.

부모의 말은 '대개는' 지켜져야 함이 당연합니다. 그런데 부모가 아이와 의사소통하다 보면 지키기 어려운 말을 하기도 하고, 지켜서는 안 되는 말을 서슴없이 하기도 합니다. 아이와 일상에서 약속하면 부모는 지키려는 '최대한의 노력을 기울이는 것'이 좋습니다.

그러나 세상을 살아가다 보면 약속을 지키지 못하는 불가피한 상황이 발생하기 마련이지요. 이때 아이와 한 약속을 반드시 지켜야 하는 측면 못지않게 상황에 따라 유연하게 대처하는 융통성이 중요합니다.

아래의 표를 통해 아이와의 관계를 점검해 보세요.

나는 아이에게 한 약속을 100% 지킨다	예	아니오
내가 아이와 한 약속을 지키지 못했지만, 미안하지는 않다	예	아니오
이전에 아이와 한 약속을 지키지 못했을 때 아이가 화를 낸다	예	아니오
약속을 지키지 못했을 때 아이가 화를 내면 나도 같이 화를 낸다	예	아니오

위의 문항 중에 하나라도 '예'에 응답을 했으면, 아이와의 기본적인 상호작용이 현재에는 괜찮을지라도 점점 더 악화될 가능성이 높습니다.

언뜻 보기에 내가 아이에게 한 말을 100% 지킨다는 것이 매우 훌륭한 부모의 덕목처럼 보입니다. 또 그야말로 '대개는' 꼭 지켜져야 할 덕목 중의 하나입니다. 다만 부모가 아이에게 알려 줘야 할 세상은 이상적이고 완벽한 세상이기보다는 '실제 현실에 가까운 세상'입니다. 또 부모와 자녀 간의 관계에 기본적인 신뢰감이 있다면, 약속을 잘 못 지키게 될 경우 아이를 위하지 못해 미안하거나 아이의 욕구를 채워 주지 못해서 아쉬운 마음이 들어야 합니다. 또한 약속한 그대로는 아니더라도 어느 정도는 그에 근접한 '노력'을 기울이는 과정이 필요합니다. 그래야 아이도 부모의 노력에 대해서 받아들입니다.

약속을 지키지 못했을 땐
사과가 먼저다

부모가 한 약속을 지키지 못했을 때는 먼저 '설명'보다는 '사과'로 시작하는 것이 좋습니다. 부모가 약속을 잘 지키는 경우라면 아이는 부모의 사과와 설명을 흔쾌히 수용할 가능성이 높습니다. 부모가 자신의 요구를 들어주지 않았다기 보다는 '상황'이 그러리라고 받아들일 가능성이 높거든요. 한편 부모가 대개는 약속을 지켰음에도 아이가 여전히 화를 내거나 비난하는 경우에도 아이의 마음을 먼저 달래는 과정이 필요합니다. 아이에게 화를 낼 필요도 없지만, 약속을 지키지 못해서 죽을 죄를 지은 것처럼 쩔쩔 맬 필요도 없습니다.

반대로 아이가 약속을 지키지 못했을 때는 부모가 사과를 요구하기보다는 아이의 입장에서 살펴보기를 바랍니다. 만일 전혀 노력을 기울이지 않은 것처럼 보이면 그 약속을 아이가 이행할 만한 의지가 없었을 것입니다. 그 자체로 아이가 도움을 받아야 할 만한 상황이란 것이지요.

이런 상황에서 아이가 버릇없어진다고 여기는 부모는 대개 매우 엄격한 기준을 가졌거나 나중에 또 그러면 어떻게 하냐고 불안해 하는 사람일 것입니다. 아이가 부모와 한 약속을 이행할 의지가 없는 상황이니 '오죽하면 그럴까' 하는 관점에서 이해해 주세요.

아이가 나름대로 노력을 기울이기는 했으나 부모와의 약속을 지키지 못한 상황이라면, 아이가 그간 기울인 노력과 과정을 언급하는 과정이 필요합니다. 이 과정에서 중요한 것은 부모가 느낀 '서운함'과 약속을 이행하지 못한 '분노'를 분리해서 보는 것입니다. 감정이 뒤죽박죽되면, 실제보다 더 큰 감정을 드러내고 아이와의 관계는 점점 더 멀어질 테니까요.

그러고 나서 어느 정도 진정이 된 후에 지금은 기분이 좀 나아졌는지, 아이가 아직까지 속상하다면 어떤 면에서 그리 속이 상했는지에 대한 위로가 필요하겠지요. 그 이후에 왜 약속을 지키지 못했는지 원인을 분석하고 그다음 단계에서 무엇을 할지(해당 약속이나 과제를 그만둘지 말지를 포함해서), 어떻게 행동할지, 언제까지 할지를 다시 대화하는 과정을 거치는 것이 좋습니다.

아이의 말보다 가능성을 믿어 주기

예전에 상담했던 한 아이가 "우리 엄마 아빠는 우등상은 아니더라도 노력상은 줘야 할 것 같아요"라고 말한 적이 있습니다. 부모의 노력을 아이에게 생색내서 아이가 부모의 의도에 영향을 받거나, 잘 보이기 위해서 한 말이 아니었지요. 말 그대로 아이의 마음에서 우러나와 한 말이니 아이의 부모는 정말 피나는 노력을 했을 것입니다.

부모가 갖춰야 할 일관성과는 별개로, 어떤 집은 아이에게 기계적으로 "정해져 있는 규칙이니, 이것을 바꾸는 것은 안 된다" 하고 말하기도 합니다. 아이가 "우리 엄마 아빠는요, 한 말은 반드시 지켜야 된대요"라고 말하는, 융통성이 결여된 일관성이 주된 가치인 가정에서 자라나는 아이들은 매우 경직된 사람으로 자랄 수 있습니다.

반대로 "우리 엄마 아빠는 자기들 맘대로예요"라고 말하는 아이들은 불안하고 눈치 보는 아이 혹은 화내는 아이로 자라날 수 있습니다. 된다고 했다가 안 된다고 하거나, 안 된다고 했다가 된다고 하는 일관성 없는 기준 때문에 자연스럽게 눈치 보는 아이가 되는 것이지요.

아이가 부모와 한 약속을 지키지 않았더라도, 우선 아이와 약속을 한 내용은 최대한 지키려는 노력을 보여야 이상적인 부모입니다. 물론 부모가 약속을 잘 지킨다고 아이들이 꼭 약속을 지키리라는 보장은 없습니다.

부모는 '아이를 믿는다'는 것이 아이가 한 '말'과 부모와 한 '약속'을 믿어야 한다고 혼동합니다. 그런데 사실 아이의 말과 행동을 믿으려고 하면 반드시 실망할 일이 생깁니다. 부모가 믿을 것은 아이들의 '발전 가능성'과 '성장 가능성'뿐입니다.

포기하지 않고 집중력을 유지하는 힘

자신이 원하는 바를 이루기 위해서 꾸준히 노력하여 마침내 성취하는 사람들을 우리는 '위인'이라고 부릅니다. 역사책 속에서 흔히 볼 수 있지요. 한번 생각해 볼까요? 우리가 아이들에게 실패를 견디라고 이야기할 때 정말 역사 속에 나오는 그런 위인이 되기를 바라서 그렇게 다그치는 것일까요?

막상 부모에게 아이가 정말 유명한 사람이 되길 바라느냐고 질문하면 태반의 부모들은 그냥 자기 몫의 삶을 살기를 바란다고 답하는 경우가 많습니다. 사람 구실할 정도로만 살기를 바라는 것이지요. 그럼 실패를 초인적인 인내로 극복할 필요는 상대적으로 줄어들겠죠? 아이가 자연스럽게 살아갈 만큼의 실패에 대한 인내력이 있으면 그걸로 족하지 않을까 싶습니다. 그럼 후천적으로 실패를 견디게 하는 방법은 무엇인지 알아보겠습니다.

실패를 해도 성장하는 아이가 되려면

아이들이 자라는 과정에서 어떤 행동을 하면 어떤 결과가 따라옴을 경험하게 됩니다. 예를 들어 아이가 어느 순간 걷기를 시작하면 주변 어른들은 끊임없이 관심을 보이고 환호합니다. 아이가 걸으려는 '행동'에 어른이 '반응'을 보이고, 엉덩방아를 찧으면 그 모습을 귀여워하며 시도가 중요하다고 여기면서 긍정적인 반응을 보입니다.

이렇게 첫 걸음에는 환호하지만, 그 이후에는 너무 당연한 일이기에 잘한다고 하지는 않지요. 이후부터는 아이의 행동과 그 결과에 대한 평가가 이어집니다. 아이의 여러 시도에서 부모가 원하는 것과 다르면 야단치거나 비난을 하기도 하지요. 혹은 부모가 원하는 방식으로 이끌어서 포기하게 하거나, 무관심으로 대응하는 경우도 있습니다.

아이들이 실패를 잘 견디지 못하는 이유는 크게 보면 세 가지 정도입니다. 실패해서 화가 나서, 실패할까 봐 겁나서, 실패하면 사랑을 잃을까 봐 그렇습니다. 어떤 행동을 하고 그 결과를 체험하면서 아이는 그 일련의 사태를 해석하게 되고, 그 해석의 결과를 이해하는 감각은 어느 정도 타고 납니다.

아이들은 성장하면서 여러 가지 경험을 하지요. 그리고 그 경험을 성공으로 해석하기도 하고 실패로 해석하기도 합니다. 성공과 실패는 꼭 노력만으로 결정되는 것은 아니고, 여러 가지 상황이나 운의 영향을 많이 받습니다.

성공했을 때는 성공하는 방법과 성취감을 충분히 향유하도록 돕고, 실패했을 때는 '이렇게 하면 안 되는 방법이었구나' 라고 생각하여 다음에는 다른 방법을 선택하도록 도와주세요. 그러면 아이는 실패를 결과가 아닌 과정으로 받아들이고 학습의 한 부분으로 인식할 수 있겠지요. 또한 실패를 통해 형성되는 불쾌한 기분을 피하려는 노력은 부모에게도 당연한 일입니다. 그러나 바꿀 수 없는 결과를 담담하게 받아들이는 부모의 모습을 아이는 따라서 배웁니다.

칭찬할 때와
함께 기뻐할 때의 차이

아이마다 기질에 따라서 기를 쓰고 실패를 피하려는 모습을 보이기도 합니다. 그런데 이미 그런 과정을 거친 부모가 보기에 아이의 모습은 이해하기 어렵기도 하지요. 더구나 아이의 기질과 부모의 기질이 다를 경우, 아이는 자신이 무언가 잘못된 존재라거나 이방인이라는 느낌을 받거든요. 이때는 아이의 타고난 기질뿐만 아니라, 부모가 평소 실패나 잘못, 실수에 반응하는 암묵적인 태도가 영향을 미칠 수 있습니다. 부모의 눈빛이나 말투, 평상시의 태도, 자책하는 모습을 보고 아이는 자연스럽게 자신의 실패와 성공에 대한 감정이 형성되기도 하지요. 이런 부모의 태도 또한 자신의 부모로부터 물려받았을 것입니다. 따라서 성공이든 실패든 아이의 행동에서 어떤 결과가 도출되었을 때, 다음의 고민을 한번 해 보기 바랍니다.

우선 성공의 경우입니다.

1) 숙제를 꾸준히 한 경우, 수업을 잘 듣고 온 경우, 노트 필기를 잘한 경우
2) 어려운 문제를 푼 경우, 선생님의 칭찬을 받은 경우, 경시대회에서 준수한 성적을 거둔 경우

이 두 가지의 차이를 볼까요? 1)의 경우는 대개 아이가 꾸준하고 지속적으로 자신의 선택을 통해서 무언가를 해 온 경우입니다. 이런 경우 아낌없이 칭찬과 격려를 하면 됩니다. 그러나 2)의 경우, 매일 어려운 문제를 극적으로 풀 수도 없고,

아무리 잘해도 선생님의 칭찬을 매일 받을 수는 없겠지요. 게다가 경시대회는 어쩌다 있는 일입니다. 이럴 때는 칭찬보다는 함께 기뻐하는 것이 더 좋은 반응이라고 할 수 있습니다.

차이는 이렇습니다. 1)의 경우, 2)에 비해서는 상대적으로 통제할 수 있는 일입니다. 이를 칭찬과 격려를 통해서 그 빈도를 증가시키는 것이 목적이라면, 2)의 경우 노력과 우연의 요소가 가미됩니다. 그 우연의 요소는 우리가 통제하기 어렵기 때문에 인위적으로 이루기 어렵습니다. 그러니 그저 함께 기뻐해 주면 될 일입니다.

섣부른 위로는 성장을 방해한다

그럼 실패했다고 해석할 경우는 어떨까요? 성공을 통해 성취감과 기쁨을 누리도록 도울 수 있다면, 실패를 통해서 배우도록 돕는 방법도 있습니다. 다만 이때 아이가 실의에 빠져 힘들어 하는 상황에서는 섣불리 '괜찮다'라고 말하는 것은 오히려 아이의 마음을 헤집어 놓을 수도 있습니다. 자신의 감정이 안 괜찮은데 부모가 괜찮다고 단정지어 버리는 일을 반복해서 경험하면, 자신의 감정과는 다르게 괜찮다고 숨기려 할 수도 있지요. 자신의 감정을 속이고, 공감받지 못한다고 여길 수도 있습니다.

아이가 스스로 실패했다고 느끼는 경우, 우선 아이의 속상한 감정이나 상한 마음이 어느 정도 수습이 될 때까지 '심정적으로' 옆에 있는 것이 좋습니다. 여기서 심정적이라 함은 아이에 따라서 혼자 있고 싶을 때도 있고, 부모에게 안기거나 정서적인 위로를 구하는 경우도 있기 때문입니다. 어느 쪽이든 아이가 선택하도록 권한을 주고, 아이가 원하는 바를 들어주는 것이 좋습니다. 실패로 인한 불쾌한 기분이 가라앉은 이후에는 그제서야 '괜찮은 것'이라는 부모의 확신이 필요합니다. '아, 실수해도 괜찮은 거였구나' 하고 믿게 만드는 것이지요.

또한 진짜로 아쉬워하는 부모의 마음이 아이에게 마음의 짐이나 부담이 되지 않도록 하는 것이 중요합니다. 때에 따라서는 아쉬운 마음을 전하면서도 '네가 마음의 부담을 지기를 바라서 이렇게 아쉬워하는 것이 아니다'라는 사실을 명료하게 전달하는 편이 더 좋기도 합니다. 다시 말해 부모의 속상함이 아이를 비난하거나 공격하는 것으로 느끼지 않도록 하는 것이 중요하다는 뜻입니다.

아이가 무언가를 이루고, 실행하기 위해 노력한 점과 그 과정을 격려해 준다면, 이후 실패를 직면하거나 좌절하는 상황에서 아이는 부모의 격려를 떠올리게 될 것입니다.

6강

집중력 향상 4단계

"몰입하는 부모, 집중하는 아이"

관계 수업

집중력 향상의 마지막 4단계는 부모와 자녀의 관계 수업입니다. 부모와 자녀의 관계가 편안하게 형성되어야 아이의 마음이 편안해집니다. 집중력을 길러 주는 것은 다음 단계의 일이지요. 산만한 아이가 말을 듣지 않는다고 화를 내거나 갈등을 빚기 전에 먼저 아이와 제대로 소통하는 법을 알아야 합니다.

아이는 부모가 조건적인 사랑을 준다고 인식할 때 불안감을 느끼고, 이는 아이의 집중력을 저하시키는 중요한 원인이 됩니다. 부모와의 애착 유형에 따른 과제 해결 능력에 대해 알아보고, 아이를 평가하거나 판단하지 않는 의사소통을 실천할 수 있습니다.

아이의 성장 과정에서 반드시 필요한 칭찬을 제대로 하는 방법, 연령에 맞는 칭찬과 좋은 칭찬의 기초를 알아봅니다. 이를 통해 집중력 향상뿐 아니라 아이가 부모에게서 독립하고 건강한 어른으로 성장할 수 있는 믿음을 형성할 수 있습니다.

—

명료한 의사소통이 아이를 몰입하게 한다

부모들이 자녀에게 지시할 때 "말해도 그때뿐이고, 지나면 다시 원래 그 자리에요, 좋게 말하면 말을 안 들어요" 하는 말을 자주 합니다. 아이에게 화를 내지 않으리라 다짐해도, 언성을 높여야만 겨우 듣는 척이라도 하는 것이지요.

상담실을 찾아 온 초등학교 고학년이었던 아이는 말을 잘 듣고 순응적이었던 형들과는 달라서 가족들을 유난히 애먹였던 아이였습니다. 그도 그럴 것이, ADHD 경향이 있던 아이는 경제적으로 어려웠지만 부모가 직접 키웠던 형들과 달리, 부모가 본격적으로 맞벌이를 하게 되면서 할머니, 할아버지 손에서 자랐지요. 조부모는 엄마 아빠 손길이 덜한 딱한 손주라고 여기다 보니, 아이가 해달라는 것을 다 들어주는 응석받이로 키웠습니다.

특히 할아버지는 아이가 해달라는 것을 모두 했고, 그러다 보니 자연스레 집에서 제일 무서운 사람은 엄마가 되었습니다. 아이가 다른 사람의 말은 전혀 듣지 않고 그나마 엄마의 말은 좀 듣는 척이라도 하다 보니, 엄마는 싫은 소리를 다 떠맡는 역할을 하게 되었습니다. 엄마가 아이에게 좋은 말로 공부하라고 하면 안 하다가, 엄마의 목소리가 높아지고, 화를 내면서 얼굴을 붉히면 그제야 잠깐 공부를 했지요.

아이가 몇 십만 원짜리 자전거를 이미 가지고 있으면서, 더 사달라고 요구하기도 했습니다. 비싼 자전거를 곱게 타는 것도 아니고, 계단이나 험지에서 묘기를 부리면서 타다 보니 고장 내기 일쑤였고, 고쳐 달라고 조르는 것은 덤이었습니다. 이외에도 필요한 물건에 한번 꽂히면 반복적으로 조르다가, 부모가 지쳐서 "알았어. 생각해 볼게"라는 말을 하면, 언제 사 줄 거냐고 재촉하기도 했습니다.

아이에게 이것만 사 주면 다음부터 조르면 안 된다고 약속을 받았지만, 물건을 얻어 낸 2~3주 안에 내가 언제 약속했느냐는 듯이 다시 졸라댔습니다. 부모는 타일러도 소용없고, 물건을 사줘도 소용없고, 약속하거나 다짐을 받아도 소용없다고 했습니다.

부모의 말을 잘 따르면 무조건 좋을까

부모의 지시를 잘 따르게 하기 위한 전제를 살펴보도록 하지요. 부모의 말이 언제나 진리일 리가 없고, 아이가 부모의 말을 반드시 따라야 할 필요도 없습니다. 부모의 말을 무조건 따르는 아이가 꼭 건강한 아이라고 보기도 어렵고 말이지요.

아이에게 지시할 때는 우선 아이가 부모의 말을 들을 만한 상태에 놓여 있는지 살피는 것이 제일 중요합니다. 아이가 그 말을 들을 만큼 컨디션이 좋지 않으면, 당연히 따르지 못하니까요. 이때 아이의 상태 못지않게 부모의 상태도 매우 중요합니다. 부모가 먼저 이성적이고 합리적으로 지시해야 아이도 이를 따를 테니까요. 또한 그간 부모의 말이 너무 길거나 요구사항이 많지는 않았는지 살펴야 할 필요도 있습니다. 때로는 말 한마디, 눈짓 한번, 부모의 혀 차는 소리 한번이 매우 파괴적인 영향력을 발휘할 때도 있기 때문입니다.

건강한 아이들은 부모의 말을 무조건적으로 따르거나 믿기보다는 자신에게 '진정으로' 유리한 것을 따르려고 합니다. 그러다 보니 간혹 지시에서 벗어나는 행동도 선택하지요. 이처럼 자신의 선택을 스스로 존중하는 아이가 건강한 아이겠지요.

아이들의 귀를 막게 하는 부모의 잔소리

예전에 상담실에 왔던 아이 중의 하나는 "아버지가 잔소리를 너무 길게 할 때가 많아요"라고 하소연했습니다. 이 아버지의 잔소리 시간은 얼마나 됐을까요? 무려 2시간이었습니다. 그 내용이 궁금해서 질문했더니, "공부를 좀 더 열심히 해라", "방 정리를 좀 해라"처럼 잔소리를 늘어지게 했습니다. 아이는 아버지의 잔소리를 처음 1~2분만 듣고, 나머지는 아예 귀를 닫는다고 했습니다.

아이에게 잔소리를 해야만 할 때, 어떻게 하는 것이 좋을까요? 일단 잔소리는 안 하는 것이 상책입니다. 이렇게 말씀드리면, "그걸 몰라서 안 하는 것이 아니다", "애가 안 하니까 잔소리라도 해야 한다" 하는 경우가 종종 있습니다. 그런데 잔소리를 해도 안 변하는데 왜 계속하는 것일까요? 잔소리하는 목적이 감정을 해소하기 위해서인지, 아이의 행동 개선을 위한 것인지 먼저 살펴보기 바랍니다. 목적이 불분명한 잔소리는 아이들과의 관계를 망치고, 의사소통에도 문제를 일으키게 됩니다. 이때 중요한 것이 명료한 지시입니다.

그렇다면 부모의 명료한 지시와 의사소통이 아이들의 집중력과 무슨 관련이 있을까요?

군대를 가면 제일 먼저 제식훈련을 합니다. 제식훈련은 아주 단순합니다. "앞으로 가, 뒤로 가, 좌향 좌, 우향 우" 이런 명령에 따라 움직이는 훈련입니다. 이런 훈련을 하는 이유는 매우 간단합니다. 이것을 반복하면서 명료한 전달 체계를 익히고, 총탄이 빗발치는 전장에 "돌격 앞으로~!" 했을 때 따르게 하기 위해서죠. 일종의 복종 훈련 같은 셈입니다. 이런 간단한 명령도 따르지 않는데, 더 복잡한 명령을 따를 리 만무하니까요. 여기에 의사소통의 원칙이 숨어있습니다.

아이가 몰입하게 하기 위해서는 아주 간단명료한 지시가 필요합니다. 당연히 아이가 들을 준비가 되어 있는 상태에서, 기꺼이 할 만한 행동을 지시하는 것이 꼭 필요하겠지요. 너무 복잡하거나, 너무 길거나, 불분명하면 무엇을 해야 할지 모르고 혼란스러워하기 때문입니다.

제식훈련의 예를 통해서 말씀드리고 싶은 것은 의사소통의 명료함입니다. 다만, 군대와는 달리 아이에게는 일방적인 명령은 하지 않는 것이 중요합니다. 의사소통의 명료함 만큼 아이를 존중하는 태도는 중요합니다. 부모는 아이와 정서적인 교류를 하거나, 그날 경험한 일을 하나씩 나누는 일을 쌓아가지요. 아이의 마음 상태가 어떤지, 뭘 싫어하고 좋아하는지, 어떻게 말하면 아이가 오해하지 않고 알아듣는지를 알아야 합니다.

부모와의 상호작용이 누적되면 아이가 스스로 원하는 것이 무엇인지를 깨닫습니다. 내적 요구나 기준을 만들어 주기 위해서는 당연히 부모의 잔소리는 적을수록 좋습니다.

만약 아이가 잘 듣고 있지 않으면, 부모의 말을 들을 상태가 아닌 것이 명확하니 그때 역시 말을 멈추어야겠지요? 이때도 부모가 평정심을 유지할 수 있어야 합니다. 부모가 평정심을 잃으면 아이에게 화를 내게 되니까요. 만약 아이에게 언성을 높일 것 같으면 대화를 일단 멈추는 것이 가장 중요합니다. 부모의 분노에 대해서 아이의 상태에 따라 아이는 분노로 반응하거나, 불안으로 반응합니다. 어느 쪽이든 아이의 심리적, 정서적 상태에 악영향을 미칩니다. 이런 일이 반복되면 궁극적으로는 우울하고 무기력한 아이가 될 수 있습니다. 우울하고 무기력하면 아이는 집중할 만한 여지가 남지 않습니다.

나의 목소리가 커지지는 않는지, 얼굴이 분노로 붉게 달아오르지는 않는지, 내가 말하는 동안 아이가 무서워하거나 불안해 하거나 무료해 하지 않는지… 부모가 말을 멈추고, 나와 아이의 상태를 검토해야 할 시간입니다. 아이의 집중력이 자라기 위해서는 이를 촉진하기 위한 가속 페달뿐만 아니라 적당한 브레이크도 필요한 법이거든요.

사랑 표현으로 집중력 키우기

사랑하는 방식은 사람마다 다르고, 전달하는 방식도 다릅니다. 그리고 사랑은 받는 사람이 원하는 방식으로 전달하는 것이 필요합니다. 애정어린 관계를 형성하는 아이는 불필요한 에너지 소모가 적습니다. 이걸 못한다고 해서, 엄마가 또는 아빠가 나를 사랑하지는 않을 것이라는 사실을 알거든요.

대개 아이가 불안해지는 경우는 부모의 사랑을 조건적인 것으로 인식할 때입니다. 내가 잘해야만 부모가 나를 사랑해 준다고 믿거나, 내가 못하면 부모가 나를 사랑해 주지 않는다고 여기는 경우들 말입니다.

아이가 조건적 사랑을 받는다고 느낄 때

이런 경우를 한번 생각해 보세요. 조건적인 사랑에 관한 이야기입니다. 아이의 불안감이나 사랑받지 못할 것에 대한 두려움은 부모가 의도한 경우도 있습니다. 비록 의도하지는 않았지만, 부모가 자신의 부모로부터 물려받은 양육 태도를 아이에게 자동적으로 행하는 경우도 있습니다. 아이의 행동을 보면서, '네가 사랑받고 싶으면, ○○하면 되지'라는 생각을 부모가 하고 있으면, 아이는 자동으로 '내가 ○○를 잘해야만 사랑을 받을 수 있을 것'이라고 믿게 됩니다.

이런 경우, 표면적으로는 칭찬이나 사랑처럼 보입니다. "네가 엄마 말을 듣고 공부를 잘했으니, 점수가 잘나왔고, 이건 다 엄마 덕이야. 너는 엄마 말 잘 듣는 착한 아이야. 앞으로도 그럴 거지?" 하는 말이 대표적입니다. 이렇게 말로 표면화된 경우는 그나마 낫습니다. 이보다 미묘하게 나타나는 경우는 아이가 부모의 기대에 부응할 때만 부모가 웃어 주거나 반응을 보이고, 부모의 기대를 충족시키지 못하면 무시하거나 아예 관심조차 기울이지 않는 것입니다. 물론 부모는 자신이 아이에게 조건적으로 하는 행동이 얼마나 파괴적이고, 아이의 불안감을 조장하는지를 모릅니다. 알면서 조종하는 경우도 있지만, 본인이 그런 행동을 하는 것에 대한 인식조차도 부족한 경우도 있거든요. 왜냐하면 자신의 부모로부터 그렇게 양육을 받았으니, 그것이 당연한 부모와 자녀 간 상호작용이 된 것입니다. 어떤 일을 잘했을 때만 관심을 기울이는 것, 그럴 때만 칭찬하는 것, 이렇게 조건적인 'If~ then'의 형태, "네가 ○○한다면, 내가 ○○해 줄게"와 같은 조건적인 방식으로 자녀와 상호작용하는 것은 매우 위험한 일입니다.

아이에게는 부모의 조건 없는 사랑과 깊은 관심이 필요합니다. 조건적인 사랑을 받으면 내 수행의 결과에 따라 내가 사랑받을지 말지가 결정된다고 여기게 되지요. 만약 아이가 내가 뭔가를 잘했을 때만 사랑받는다고 느끼면 잘하지 못할 경우 사랑받을 길이 막힌다고 느낍니다. 조건적인 사랑이란 결국 자녀로 하여금 불안감을 유발하는 근간을 이루게 됩니다.

심리학 실험 하나를 소개합니다. 이 실험은 아동과 부모와의 안정적인 관계가 인지 능력을 발휘하는 데 어떤 영향을 미치는지를 살폈습니다. 이 연구를 위해서 우선은 지능 지수가 유사한 수준의 아이들을 모았습니다. 그리고 부모와의 안정적인 애착 패턴이 형성된 아이들과 불안정하게 애착이 형성된 아이들로 구분했지요. 그리고 지능 수준은 같지만, 애착 유형이 상이한 두 집단의 아이들에게 도형을 주고 머릿속으로 회전을 시켜 과제를 해결하도록 하는 심상 회전(mental rotation) 과제를 제시했습니다.

연구 결과를 보면 안정적인 애착이 형성된 아이들에 비해 그렇지 못한 아이들의 과제 해결 능력이 현저히 저하되었습니다. 실험의 결론은 심상 회전처럼 고차원적인 인지능력이 요구되는 과제에서 부모와 관계가 안정적인 아이들은 상대적으로 불안감이나 잘 해내지 못할 것에 대한 두려움을 덜 느꼈습니다. 반면, 안정적이지 못한 관계가 형성된 아이들은 불안감을 느끼게 되고 그로 인해 문제 해결 능력이 저조하게 발휘되었다는 것이지요.

온전한 사랑은 좌절을 극복하는 발판

사랑과 친밀감을 제공한다고 해서 집중력이 자동으로 증가되지는 않습니다. 다만 과제를 해결해 나가고, 문제를 풀고, 평가를 받는 동안 불안 때문에 능력이 현저히 손상되는 것은 막을 수 있습니다. 그러기 위해서는 평소에 아이를 평가하거나 판단하는 방식의 의사소통이 적어야 합니다. '하지 말아야 한다'가 아니라 '적어야 한다'고 말하는 이유는 이러한 판단이나 조건적인 사랑도 세상의 한 부분이기 때문입니다.

부모의 온전한 사랑은 스트레스나 평가에 대한 두려움, 자신의 기대나 주변 사람들의 기대를 충족시키지 못했다고 여겼을 때의 좌절감을 딛고 나갈 발판이 됩니다. 완전히 방전된 스마트폰 같은 상태에서의 충전기 같은 역할을 하지요.

한번 생각해 보세요. 우리 아이는 실패나 좌절을 겪었을 때 나를 떠올리면서 어떤 존재로 인식할 것 같나요?

그 심정이 잘 이해가지 않으면, 내가 여지껏 경험했던 가장 큰 좌절이나 실패를 했을 때, 내 부모나 배우자가 보였던 반응들 중 가장 실망스러웠던 기억을 떠올려 보세요. 그러한 반응은 유사한 상황에서 무의식적으로 튀어나오기 때문에 나도 잘 모르는 내가 상처 입었던 그 반응을 그대로 할 때가 있습니다.

부모에게 죄책감을 주기 위해서 이런 질문을 하는 것이 아닙니다. 물론 '이만하면 할 만큼 했지. 내 부모에 비하면 난 정말 훌륭해'라고 생각하는 경우도 있습니다. 하지만 대개 기준이 높고 엄격한 부모는 '우리 애가 나를 싫어하면 어쩌지?', '나는 좋은 부모인가? 부모도 시험 봐서 부모 자격증을 주고 애를 낳게 해야 하는 건 아닌가?' 하는 생각을 할 수도 있으니까요. 설령 당장 내가 완벽한 부모가 아닐지라도 그것보다 중요한 것은 지금 이 순간부터 시작해도 늦지 않았다는 사실입니다. 그래서 가끔 부부나 부모 자녀 사이에도 "나한테 뭐 바라는 거 없어?"와 같은 뜬금없는 질문이 필요할 수 있습니다.

그 질문에 배우자나 아이가 경계의 눈초리를 보낸다면, 그간 나와 가족 간의 의사소통이 조금 엇박자가 나고 있다는 뜻일 겁니다. 그러니 아이가 질문의 숨은 의도를 의심한다면, "그동안 엄마도 열심히 노력했는데, 혹시나 부족했거나 원하는 부분이 있다면, 당장 들어주지는 못해도 오늘부터 노력해 보려고 해"라는 말로 마무리하면 됩니다. 그리고 아이의 요청을 마음깊이 새겨 두세요. 그에 대한 아이의 반응에 "그건 이래서 그런 거다, 니가 그러니까 그렇지"와 같은 설명과 판단, 비난은 절대로 하지 않는 것이 좋습니다.

다양한 선택지를 주고 직접 고르게 하라

예전에 만났던 가족 중 부모가 모두 명문대 출신이고, 아이도 공부를 꽤 잘하는 가족이 있었습니다. 엄마의 고민은 아이가 수학과를 졸업한 엄마가 알려 주는 방법을 마다하고 자신의 방법을 고집해서, 두세 배 오래 걸리는 방법으로 문제를 푸는 것이었습니다. 엄마가 알려 준 방식대로만 하면 잠깐이면 풀리는데, 오랜 시간 스스로 해결하느라고 힘을 들인다는 것입니다. 아이가 진도를 정한 만큼 나가지 못하니 엄마는 답답하고 속이 타들어가는 상황이었지요.

공부를 아예 안 하거나 수동적인 아이를 둔 엄마라면 부러워 보일 수도 있는 이야기입니다. 하지만 이 엄마 입장에서는 아이가 고집을 부리고, 엄마가 원하는 만큼 공부를 하지 못하니 화가 나는 상황이었지요. 이런 경우, 아이의 고집을 꺾고 효율적인 방법을 권하는 것이 꼭 정답일까요?

아이의 문제에 부모의 정답만 대입한다면

위의 사례에서 표면적으로 드러난 문제는 문제 풀이와 효율성의 문제인 듯 보입니다. 그런데 더 깊이 들여다보면, 엄마는 '아이를 위해서'라지만, 엄마의 방법을 강요하고 있습니다. 그리고 아이는 자신의 영역을 지키고 자신의 방법이 옳다고 여기는, 일종의 영역과 경계의 문제입니다. 엄마의 방법을 그대로 받아들이는 것이 효율적이더라도 아이는 자신이 틀렸다는 생각을 하니, 왠지 지는 듯한 기분일 것입니다.

이처럼 자율성 수준이 높고 자기 통제력이 높은 아이들은 부모의 통제와 강압에 맞서 자기 고집을 드러냅니다. 다투기 싫은 아이들은 드러내고 자기주장을 하지는 않지만, 결국 자기 고집을 꺾지 않고 지속하기도 합니다. 이런 아이들의 경우 부모가 그 고집을 꼭 꺾어야겠다는 대결 구도를 만들면, 부모가 이기든 아이가 이기든 그 대가는 가족이 치르게 되어 있습니다.

반대로 자율성 수준이 낮고 부모가 말하는 대로 따르는 아이라면, 부모의 지시나 선택에 순응할 것입니다. 이런 일이 반복되면 부모의 권유에 따라서 자신이 원하는 것이 무엇인지도 모른 채 주어진 일을 하겠지요. 이런 아이들이 청소년기를 거쳐 성인기에 이르면 내가 원하는 것이 무엇인지 모르지만, 우선은 무언가를 계속해서 하고는 있는 그런 어른이 됩니다.

그럼 어쩌면 좋을까요?

아이와 함께 우선순위 정하기

역시나 아이의 기질적 측면을 고려하는 것이 필요합니다. 새로운 자극이나 상황을 끊임없이 추구하는 아이들은 쉽게 질려하면서 끊임없이 새로운 장난감이나 영역을 탐색하지요. 그런데 변화에 매우 저항적이면서 한번 좋아하는 것이 결정되면 잘 바꾸려 하지 않는 보수적인 성향의 아이들도 있게 마련입니다.

어떤 유형의 아이든 여러 가지 선택지를 주고 그중에서 아이가 하나를 고르게 하는 절차가 필요합니다. 장난감이든 공부든 선택할 기회를 주고, 어떤 장난감을 고를지, 어떤 것을 할지를 결정하도록 하는 것이 바람직하지요. 이때 기질과는 별도로 아이들은 다양한 가능성을 고려하기를 어려워 합니다.

다양함을 추구하는 아이는 다양함을, 단순함을 추구하는 아이는 단순함만 추구하겠지요. 억지로 다양함이나 단순함을 추구하도록 만들 필요는 없습니다. 부모가 아이의 요구를 들어주지 않는 방식으로 훈육하면 원망을 듣게 되고, 무조건 다 허용하면 당장은 아이가 원하는 것을 다 들어주니 좋다고 여길 수 있습니다.

그러나 장기적으로는 '경계'와 '한계'가 없다 보니, 아이에 따라서는 더 불안해지는 경우도 있습니다. 특히 이렇게 불안해지는 경우는 변화에 저항적인 아이입니다. 이런 유형의 아이는 선택의 범위가 너무 넓으면 어떤 것을 골라야 할지 몰라서 우왕좌왕합니다. 이럴 때는 선택지가 10개나 된다고 하더라도 2~3개 정도로 좁혀서 제안합니다.

이와는 달리 자신의 아이가 학원을 다니고 싶지 않아하는 부모들이 부러워마지 않는 아이를 만난 적이 있습니다. 아이는 관심과 흥미의 범위가 매우 넓어 자신의 마음에 드는 학원을 모두 다니고 싶어 했고, 또 재능이나 능력도 출중했지요. 초등학생인데도 다니는 학원이 5~6가지가 넘고, 이보다 학원을 더 다니고 싶어 했습니다. 체력이 넘치는 편은 아니어서 거의 매일 밤 10시에 일정이 끝나니, 코피가 터지기 일쑤인데도 재미있어하면서 동시에 힘들어 했습니다.

이런 아이의 부모는 즐거운 혼란에 빠지게 됩니다. 아이가 원하는 것을 들어줘야 하나, 말아야 하는 고민을 하게 됩니다. 이럴 때는 현재 하는 활동의 목록을 쭉 늘어놓고, 아이의 우선순위와 부모의 우선순위를 정하는 작업이 필요합니다. 원래 하던 대로만 두면 고르고 싶은 것만 골라 당장은 부모나 아이가 모두 편할 수 있습니다. 그런데 장기적으로는 세상의 다양한 자극을 경험할 기회가 제한되니, 생각과 경험의 폭이 제한됩니다.

다만 이렇게 선택의 폭을 적정 수준으로 줄이고 선택하도록 할 경우, 원하는 결과가 나오지 않거나 실패했다고 여기는 때도 있습니다. 이럴 경우 아이의 속상한 마음에 대해 질책하지 않는 자세가 필요합니다. 더불어 아이의 속상한 마음을 달래고, 위로하는 과정이 더해지면 더욱 좋겠지요. 부모가 선택지를 줄였다고 해서 그것이 꼭 부모의 잘못은 아닙니다. 그냥 살다보면 생기는 일이지요.

부모의 성향에 따라서 아이 탓을 할 때도, 부모의 탓을 할 때도 있습니다. 원인을 명확하게 밝히고 대책을 마련해야 할 때도 있지만 이런 경우라면 부모가 아이를, 아이가 부모를 위로할 수 있기를 바랍니다. 다양한 가능성 중에서 무언가를 선택하는 것 자체가 아이에게 큰 스트레스를 유발하며, 그 결과가 좋지 않을 때는 더군다나 불안해지기 마련입니다. 아이는 좋은 결과를 위해 노력할 수 있을지언정, 결과가 좋게 나오게 만드는 일은 불가능합니다. 노력까지가 아이의 몫이고, 결과를 받아들이는 것 또한 아이의 몫인 것이지요.

부모의 반응이 아이를 도전하게 한다

도전(挑戰)의 사전적 의미를 살펴보면, '정면으로 맞서 싸움을 걺'이거나, '어려운 사업이나 기록 경신 따위에 맞섬을 비유적으로 이르는 말'입니다. 영어 challenge는 상대의 어떤 행동이나 사실에 대해서 불만을 말하는 것으로 이해하면 좋습니다. 현대 영어에서는 본래 라틴어가 가지고 있던 '모험하다'라는 개념은 사라지고 '도전하다, 도전하게 하다, 이의를 제기하다, (상대에게 도전이 될 만한 일을)요구하다, 검문하다'라는 뜻으로 사용합니다.

새로운 일을 시도할 때 도전한다고 말하지, 익숙한 일을 반복할 때 도전한다고 말하지는 않습니다. 익숙한 일을 반복하는 이유 중 하나는 새로운 일을 시도했다가 실패할까 봐 겁나기 때문이겠지요. 물론, 한 번도 큰 실패를 경험하지 않은 사람도 있습니다. 이런 사람은 대개 능력이 출중해서라기보다는 실패를 너무 두려워하는 나머지, 자신의 능력 범위 내에서 가능한 일만 시도하기 때문인 경우가 많습니다.

남 탓하는 아이,
자기 탓하는 아이

실패에 대한 두려움은 어디서 비롯되는 것일까요? 이러한 현상에 대한 이해는 크게 두 가지 정도로 볼 수 있습니다. 사람은 타고날 때 새롭고 낯선 자극을 추구하고, 행동을 시작하도록 하는 행동 활성화 기제인 '자극 추구 경향'을 타고납니다. 그리고 자신에게 잠재적인 위협을 피하고 행동을 중단하고 억제하는 행동 억제 기제인 '위험 회피 경향'을 타고납니다.

이 두 체계는 서로 독립적으로 작동하다 보니, 둘 다 높거나 둘 다 낮은 경우를 보게 됩니다. 이때 매우 도전적이면서 실패에 대한 두려움을 모르는 아이들은 대개는 자극 추구 경향은 높고, 위험 회피 성향은 낮은 아이가 많습니다. 이런 아이들은 새로운 두려움 없이 도전하고 시도하지요. 그러나 아무리 두려움 없이 계속 도전하더라도 자신의 실수나 경험에서 배우지 못하면, 시행착오를 거듭하면서 나아지는 것이 아니라, 오히려 무력감이 형성될 수 있습니다. 나중에 다른 방법으로 시도하면 성공할 문제도 그냥 둔 채 악에 받쳐서 화만 내는 사람이 되기도 합니다.

그럼 반대의 경우인 자극 추구 경향은 낮고, 위험 회피 성향은 높은 아이들은 어떨까요? 사서 걱정하는 경우가 많고, 앞으로 벌어질 일에 대해서 긍정적인 부분보다 부정적인 부분을 먼저 봅니다. 그리고 한 번 실패를 경험하면 두고 두고 곱씹으면서 피하려고만 하는 행동을 보입니다.

좀 더 많은 경우의 수가 있지만 크게 이 두 가지 조합만 놓고 본다면, 도전하게만 한 뒤 그 의미를 이해하고 해석하는 도움을 주어야 합니다. 그렇지 않으면 어떤 아이들은 반복적으로 실패하면서 화내는 아이로 성장할 수도 있습니다. 그 반대의 아이들은 시도조차도 하지 않고 움츠러들거나, 그 결과 불안한 아이가 됩니다. 어떤 기질을 타고난 아이든지, 실패하는 경험만 반복하고 그것을 결과로만 받아들이면 결국 무기력해집니다.

그렇다면 타고난 기질을 넘어서, 아이가 자신의 경험을 어떻게 해석하도록 돕는 것이 좋을까요? 아이에게 실패도 경험의 일부라는 것을 알려 주세요. 결과가 아닌 과정에 관심을 기울일 수 있도록 하는 부모의 관심이 꼭 필요합니다. 더불어 막연히 '괜찮다'라는 식의 막무가내 위로보다는 실패가 아이들 개인에게 어떤 의미인지를 탐색해야 합니다.

실패 경험에서 아이에게 생기는 감정이 어떤 것인지 명료화하는 작업이 필요한 것이지요. 이를 '과정 중심적인 태도'라고 부릅니다. 아이가 하는 실패 경험에 대한 객관적 시선을 유지할 수 있도록 돕는 것이 핵심입니다.

이와 상반되는 양육을 '결과 중심적인 태도'라고 부릅니다. 물론 세상에서 벌어지는 여러 일에 대해 사람들은 결과 위주로 생각하는 경향이 있지요. 아무리 과정이 좋지 않아도 결과만 좋으면 과정에서의 불화와 불협화음은 잊는 경우가 많습니다. 이러한 세상의 논리나 현실에도, 아이가 포기하지 않고 꾸준히 무언가를 하려면 주어진 일을 시도하는 것이 필요합니다. 그리고 그 과정에서 실패했을 때 벌어질 부정적인 감정들을 축소하거나 과장하지 않고 있는 그대로 받아들이는 연습이 필요합니다.

실패의 결과를 지나치게 과장하거나 절대로 바꿀 수 없는 것으로 인식하면, 아무리 도전을 권해도 도전을 두려워합니다. 실패를 끔찍한 것, 두려운 것, 끝장나는 것 정도로 받아들이고, 새로운 시도를 하도록 만들기가 매우 어렵지요.

따라서 아이가 도전적인 정신을 가지고 행동하게 만들기 위해서는 부모의 태도 또한 과정 중심적이어야 합니다. 실패나 잘못에 대한 인식을 그냥 '괜찮다'라는 식으로 무시하고 지나가도록 만드는 것도 좋지 않습니다. 이는 아이가 온전하게 경험하는 것을 막는 일이니까요. 그리고 실패했을 때 마치 하늘이 무너지는듯 절망하는 모습을 보이는 것 또한 아이가 더 이상 도전하지 못하게 합니다.

그러니 함부로 '괜찮다'라는 말을 하지 않는 것이 중요합니다. 인생의 산전수전을 모두 겪으면서 살아 온 부모에게는 별일이 아니고 괜찮아 보일 수 있으나, 아이는 그렇지 않거든요. 너무 긴급하게 사태를 마무리하려 하거나, 아이의 부정적인 감정을 해결하지 않는 것이 좋습니다. 언젠가는 아이도 자신에게 일어난 일이 '괜찮지 않다'는 사실을 깨닫게 되니까요.

—

잘 쓰면 약,
못 쓰면 독이 되는 칭찬

부모 상담을 하다 보면 칭찬에 대해서 궁금해하는 경우가 많습니다. 칭찬을 자주해도 안 좋을 수 있는지, 아이가 잘 해냈을 때 적절한 반응은 무언인지, 득이 되는 칭찬과 독이 되는 칭찬은 어떻게 구별할 수 있는지 질문을 받습니다.

사실 칭찬이란 '어떤 행동을 한 이후에 그에 대한 긍정적인 피드백'이라는 점에서 심리학에서 '정적 강화'라고 부르는 절차와 유사합니다. 이와 관련해서 가장 유명한 내용 중의 한 가지가 한동안 폭발적인 인기를 끌었던 《칭찬은 고래도 춤추게 만든다》는 제목의 책이었습니다.

꽤 매력적이고 그럴듯한 제목이었던지라 언론 매체나 책,

칼럼에서도 여러 차례 인용될 정도로 유행했습니다. 제목만 보면, '매를 아끼면 자식을 망친다'는 격언과 상반되는 말일 것입니다.

우리나라에서는 자식 교육과 관련하여 '고슴도치도 제 새끼는 함함하다고 한다'라는 말이 있습니다. 털이 바늘처럼 꼿꼿한 고슴도치도 제 새끼의 털이 부드럽다고 한다는 말로, 누구나 제 자식은 잘나고 귀여워 보인다는 뜻입니다. 주로 부정적으로 쓰이긴 하지만, 고슴도치의 털은 고슴도치 새끼가 의도적으로 빳빳하게 만든 것이 아니니 있는 그대로 존중하자는 의미로 받아들이면 될 것 같습니다.

칭찬을 하는 이유는 간단합니다. '어떤 행동에 대한 누군가의 언급이나 행동은 그 행동의 발생 빈도를 증가시키거나 감소시킬 수 있다'라는 것을 전제로 하여, 특정 행동을 더 자주하게 하거나 더하게 만들기 위해서이죠. 이를테면 아이가 알아서 공부를 하거나 숙제를 하면(아이의 어떤 행동), 누군가의 언급이나 행동(부모의 칭찬이나 보상)은 이후에 아이가 알아서 하는 행동을 더 늘어나거나 줄어들게 만들 수 있습니다. 그런데 칭찬이든 혼내는 것이든 사람의 마음을 놓고 보면 너무 단순하게만 받아들일 수도 있습니다.

과거 만난 아이의 경우를 예로 들면, 아이의 부모는 "잘한다, 잘한다" 하는 방식으로 반복적인 칭찬만 했습니다. 아이는 또래들과 관계가 원활하지 못한 상황이었습니다. 학업 성적도 운동 능력도, 또래들로부터 인기도 없었던 아이가 "너는 할 수 있을 거다"란 부모의 말만 듣고 회장 선거에 나가게 되었지요. 그런데 전체 득표 중 1~2표만 받고 충격을 받아서 너무 우울해지고, 불안해하면서 상담실에 왔던 경우였습니다.

아이의 시험 성적이 60점대인데도, "잘한다, 잘한다"는 칭찬을 할뿐, 그 점수가 어떤 수준인지 알려 주지 않았고, 아이도 폐쇄적이어서 그 점수가 갖는 의미를 이해하지 못했지요. 물론 성적이 60점대라서 회장을 하면 안 된다는 이야기는 절대로 아닙니다. 또래에게 꼭 인기가 있어야만 그 아이의 학교 생활이 성공적이라는 이야기도 아니에요. 다만 자신이 원하는 것이 있으면 그에 맞는 행동이나 성향을 보이는 모습이 더 필요하다는 것입니다. 그러기 위해서는 상황을 객관적으로 판단하고 그에 맞는 칭찬이 필요하겠지요.

좋은 칭찬은
오목거울과도 같다

칭찬이든 훈육을 하든 가장 중요한 원칙 중 하나는, 칭찬이나 훈육은 반드시 아이를 위해야 합니다. 부모들은 칭찬이 전부라고 생각하는 경우가 많고, 칭찬에만 목매게 만들거나 현실을 왜곡하는 경우를 보기도 합니다. 칭찬에 중독되는 경우도 있게 마련입니다. 아이가 매번 칭찬을 통해서만 무엇인가를 하는 경우, 칭찬이 주어지지 않는다면 뭔가를 잘못했다고 여기게 되는 것이지요.

부모의 칭찬이나 아이의 행동에 대한 인정 혹은 수긍은 마중물 역할을 하는 것은 분명합니다. 새로운 일을 시작하거나 시도하는 시점에서 더 자주, 크게 칭찬하는 것이 필요하지요. 그래야 주눅 든 아이도 용기를 얻고, 그 행동을 지속할 테니까요. 다만 아이가 스스로의 상태를 객관적이고 명확하게 인식하는 방식의 피드백이 아니라면, 아이는 당연히 현실을 다분히 왜곡하게 될 것입니다.

아이를 칭찬하는 과정에서 고려해야 할 것은 아이의 연령에 맞는 칭찬입니다. 일반적인 경우라면, 나이 열 살에 잘 걷는 경우를 칭찬하지 않고, 나이 서른에 밥을 잘 먹는다고 칭찬하지는 않습니다. 연령에 맞는 칭찬을 통해 아이가 좀 더 복잡한 행동으로 도전하면서 나아가게 할 필요가 있는 것이지요.

좋은 칭찬, 오래도록 기억에 남는 칭찬을 생각해 볼까요? 좋은 칭찬 중 하나는 '나도 막연하게 알고는 있었으나, 누군가가 그 부분을 콕 집어서 설명해 주는' 칭찬입니다. 누군가의 말을 듣고 '알고 보니, 내가 이런 점이 훌륭했네' 하고 느꼈던

적이 있을 것입니다. 좋은 칭찬이란 우리의 모습을 정확히 잘 반영하는 평면거울 같습니다. 오목거울이나 볼록거울에 자신을 비춰보면 자신의 모습이 왜곡되어 보이게 되지요.

진솔하고, 솔직하게 칭찬하는 것이 꼭 필요합니다. 굳이 과장된 태도를 취하거나, 호들갑을 떨 필요는 전혀 없는 것이지요. 아이들은 가식적인 태도를 알아차리게 되고, 이렇게 신뢰에 금이 가면 나중에 회복하는 데 더 많은 노력이 들어가거든요.

더불어 칭찬할 만한 어떤 일이 발생했을 때, 즉각적으로 칭찬하는 것이 매우 중요합니다. 또 그에 걸맞는 보상이 필요할 때도 있습니다. 보상은 꼭 물질적인 것이 아니어도 됩니다. 아이들의 행동에 비추어 너무 작게 형성되어도, 혹은 너무 크게 형성되어도 장기적으로는 부정적인 영향을 미칩니다. 칭찬과 보상의 특성상 이후에 점점 더 큰 기대를 하게 되고, 그런 기대를 충족시키는 것은 점점 더 어려워집니다. 또한 아이가 수행한 행동이나 과제에 비해 너무 적은 보상은 이후 그 행동을 다시금 이어가게 하지 못하게 합니다.

칭찬의 기초는 노력에 초점을 맞추는 것

무엇보다 아이의 공로와 노력을 가로채지 말아야 합니다.

칭찬할 때 진정성의 기초는 아이의 성장과 노력에 반드시 초점이 맞춰야 한다는 뜻입니다. 공부를 하든 과제를 하든 혹은 단어를 잘 외웠든 아이로 하여금 그 행동을 하도록 하는 부모의 지시와 환경 조성은 만들 수 있습니다. 그러나 그 말을 듣고 실천한 사람은 아이이니, 빛나는 결과는 온전히 아이의 몫이어야 합니다.

굳이 부모의 몫으로 돌리고 싶어하는 욕심은 부모가 스스로 충족해야 합니다. 부모는 아이 인생의 배경이어야 하며, 아이의 인생에서 부모가 빛나려고 해서는 곤란합니다. 운동 경기에서 경기장에 올라가서 경기를 하는 것은 코치가 아닌 운동선수입니다. 코치는 운동선수에게 지침과 격려를 줄 수 있을지언정, 코치가 링 위에 올라가서 직접 경기를 하지는 않습니다.

또, 아이의 행동에 대한 부모 행동의 빈도나 강도는 행동을 시작할 때는 매번 하는 것이 좋습니다. 그리고 좀 더 진전이 되면, 처음에는 안정적이고 규칙적으로 칭찬하다가 이후에는 간헐적인 칭찬과 격려가 중요합니다. 새로운 행동으로 나아가도록 만드는 노력이 필요하지요.

아이와 잘 싸우고 제대로 화해하는 법

사춘기, 일명 '중2병'이라고 부르는 시기에 생기는 갈등은 아이들이 심리적인 재탄생을 거치고, 질풍노도의 시기에 발생되는 것이라서 매우 거셉니다. 아이들의 인지 능력이나 신체 능력이 발달하면서 대립하는 과정에서 부모도 만만치 않게 심리적 상처를 받기도 합니다. 그러나 초등학생의 경우, 여전히 부모의 권한과 영향력이 큰 시기입니다.

부모 상담을 하다 보면, "거짓말은 절대로 안 돼"라거나, "누군가의 물건을 훔치는 것은 절대로 안 돼", "형제끼리 싸우는 건 안 돼", "엄마 아빠랑 한 약속은 꼭 지켜야 돼"와 같이 아이에게 이야기하는 부모를 많이 봅니다. '절대로 안 된다'라는 생각은 부모의 엄격한 가치관이 반영된 경우가 많습니다.

그런데 세상을 살다보면, '절대로 발생할 수 없는 일'은 없는 것 같습니다. 아이들은 세상을 살아가면서 당연히 시행착오를 거치고, 이는 피할 수 없는 일이겠지요. 이때 야단치고 혼낼지 혹은 그 사건을 통해 배우게 할 것인지는 선택할 수 있습니다. 어떤 사건을 통해서 부모가 엄격하게 유지하고 있는 가치관이 무엇인지, 도저히 용납이 안되는 이유가 무엇인지 한번쯤 생각해 볼 수 있는 기회로 여기는 것 역시 부모의 선택입니다.

물론 부모의 입장에서는 도저히 용서가 안 되는 일이 있습니다. 예를 들어 아이가 비속어를 쓰기 시작하는 경우가 그렇습니다. 아이에게 그런 말을 쓰지 말라고 하면, 아이는 남들은 다 쓰는데 왜 나는 안 되냐고 대답하기도 하지요. 그런 말을 어디서 배웠는지 물으면 태어날 때부터 알고 있었다는 황당한 대답을 하기도 합니다.

이처럼 자녀들이 해서는 안 되는 말과 행동을 하는 경우나 부모와 하기로 한 일을 하지 않을 때 주로 갈등이 생깁니다. 이런 갈등은 대개 부모의 욕구와 아이의 욕구가 충돌하면서 생깁니다. 아이가 자신의 욕구를 고집하면서 벌어지는 일이다 보니, 한편으로는 그만큼 성장했다는 방증이기도 합니다.

아이가 원하는 일과
부모가 원하는 미래

상담실이나 강연장에서 많은 부모를 만나다 보니, 자녀에 대한 여러 가지 기대와 목표를 듣게 됩니다. 이것은 대개 '자신이 원하는 일을 하면서 살아가는 것'으로 요약됩니다.

그런데 그 '원하는 일'이 온전히 부모의 욕구인 것으로 보이는고 정작 자녀는 그 일에 부모만큼 관심이 없어 보이는 모습을 자주 봅니다. 어쨌거나 부모는 아이가 원하는 일을 하기 위해서 자신의 일에 집중하는 모습을 보이기를 기대합니다. 이를 위해서 남들이 좋다는 것, 좋다고 알려진 것, 혹은 자신이 어릴 적 바랐으나 충족되지 못한 여러 가지를 아이에게 해 주며 대리 충족을 하려고 하기도 합니다.

대표적인 예가 아이를 위해 고가의 교구를 사거나 전집류의 책을 읽히려고 수백만 원 대의 지출을 감수하는 것, 비싼 학원이나 고액 과외를 시키는 것입니다. 반면에 '나 때는 학원이고 뭐고 아무것도 없었다'라거나, '원래 공부는 혼자 하는 거다'라며, 학원에 보내달라는 자녀의 요구를 묵살하는 경우도 있습니다.

이런 양극단에 있는 부모는 모두 자녀를 위해 나름의 최선을 다하고 있는 것일 수 있습니다. 그런데 이러한 노력에도 부모가 원하는 대로는 행동하지 않고, 오히려 부모의 의도와는 반대로 행동하는 모습을 보입니다. 이런 행동에 부모는 매우 다양한 시도를 하게 됩니다. 어르고 달래고, 이런 저런 많은 노력을 기울이면서 궁극적으로는 자녀들이 사람 구실을 하기를 바라며 주어진 과제에 집중하기를 간절히 원합니다.

독립은 부모와의 건강한 결별

아이가 자기의 갈 길로 잘 나아가기 위해서는 부모의 도움이 절실합니다. 이때 부모와의 결별이 단순히 결별이 아닌, '독립'이 되기 위해서는 부모와의 상호작용과 의사소통이 필수입니다. 아이와의 의사소통은 협력적인 의사소통이어야 합니다. 하버드 대학의 교수 칼렌 라이언스 루스(Karlen Lyons Ruth)에 따르면, 다음과 같은 노력이 필요합니다.

첫째, 양육자는 아동이 경험하는 것의 전 범위(단지 고통의 표현뿐만 아니라)에 대해 수용적이어야 하며, 아동이 무엇을 느끼고 원하고 믿는지 가능한 많이 배우도록 시도해야 합니다.

둘째, 양육자는 아동과의 관계에서 균열이 생겼을 때 먼저 관계를 복구하려는 시도를 해야 하며, 이때 아이와 의사소통되는 방식으로 하는 것이 중요하다고 말합니다.

셋째, 양육자는 아동에게 즉각적이고 자발적으로 나타나는 의사소통 능력을 위한 발판을 적극적으로 제공하려는 노력을 기울여야 합니다. 또한 언어를 습득하기 이전의 아동은 아직은 분명하게 말할 수 없는 것을 대신 말로 표현해 주려고 시도하고, 아동에게 "네 말로 해 봐"라고 요청하면서 발판을 제공하라고 제안합니다.

마지막으로, 자기 자신과 타인에 대한 아이의 감각이 발달상 유동적인 상태에 있는 시기 동안 양육자는 적극적으로 아동과 함께 하며, 한계를 설정하고 아동이 저항하도록 허용하는 것이 필요하다고 합니다. 기꺼이 애쓰고자 하는 양육자의 마음이 아이에게 전달되면 아이가 분리감을 느끼는 동안에도 양육자와 연결되어 있는 경험을 할 수 있습니다. 부모와 자녀의 협력적인 의사소통은 서로의 마음을 알아가는 것에 달려 있습니다.

부모는 아이와 함께 성장한다

부모라면 한번쯤은 스스로에게 '지금 우리 아이에게 잘하고 있는 것일까?'라고 질문해 본 적이 있을 것입니다. 어떻게 하는 것이 잘하는 부모 역할일까요? 사람마다 살아오면서 경험한 삶에 따라서, 참 다르게 받아들이는 것 같습니다. 어떤 사람은 부모로부터의 영향이 없다시피 성장해서 '술 먹고, 때리고, 학대해도 좋으니' 옆에 있어만 줘도 그 존재 자체로 감사한 부모상을 가지고 있기도 합니다. 반대로 자녀의 욕구나 의사와는 상관없이 너무 많은 것을 해 주는 바람에 숨 막혀 하는 아이를 만나기도 합니다.

어린 시절의 나와
부모가 된 나를 떠올려 보기

'아이 한 명을 키우는 데는 온 마을이 필요하다'는 아프리카의 속담은 참 적절합니다. 왜냐하면 같은 환경에서도 다양한 가치관과 경험을 통해서 내 주변의 사람이 나와는 비슷하지만, 다른 존재라는 사실을 깨달을 수 있기 때문입니다.

현대 교육에서 그리도 다양한 경험을 강조하는 이유는 체험학습이나 관찰만이 아닌 말 그대로 '생활'이 되기 때문입니다. 그냥 책이나 지식으로 아는 것이 아니라, 같은 활동을 하면서 다르게 경험할 수 있지요. 불과 두 세대 전, 그러니까 지금으로부터 60년 정도 전까지만 하더라도 자식들이 부모의 지식을 능가하기 어려웠습니다. 사회가 변화되는 속도가 지금보다는 더뎠던 데다가, 가부장적인 태도 때문에 자식들이 부모의 지시에 거역하기는 쉽지 않았습니다.

좀 더 쉬운 방법으로 내 부모와 나, 그리고 부모가 된 나와 그리고 그 자녀인 나의 아이를 살펴볼까요?

나의 어린 시절과 우리 아이의 어린 시절을 떠올려 봅시다. 놀이터에서 그네 타고 있는 모습을 상상해 보세요. 그네를 타러 갔는데, 이미 타고 있는 다른 아이가 좀처럼 양보할 생각을 하지 않습니다. 그때 우리 아이는 타고 싶다는 말을 못해서 주눅 들어 있나요, 아니면 그 아이에게 나도 타게 해 달라고 떼를 쓰고 있나요?

반대로 우리 아이가 계속 그네를 타고 있는 상황을 생각해 보세요. 다른 아이가 와서 타고 싶어 하는 모습이 역력해 보이는데 주눅 들어 쭈뼛거리는 경우, 또는 다른 아이가 자신도 타게 해 달라고 떼를 쓰고 있는 장면을 생각해 보세요.

각 상황에서 부모인 나는 어떤 마음이 들고 어떤 행동을 하고 있나요? 그리고 그다음 상황에서 나는 아이를 위해서 무엇을 하고 있나요? 나의 부모가 이런 상황에서 나를 위해서 했던 행동, 현재 내가 아이를 위해서 하고 있는 행동을 떠올려 보세요. 일상생활에서 경험하는, 나와 아이의 감정이 교차되는 장면이 누적되면, 그것이 아이의 인생이 되고 이때 부모의 대처가 아이에게 영향을 미칩니다. 망치로 돌을 내려치면 돌은 언젠가는 부서집니다. 아이에게 이런저런 압력을 가하면, 아이의 기질에 따라서 기가 죽어서 위축되고 눈치 보는 아이가 되거나 혹은 격렬하게 저항하는 반항아가 되기도 합니다.

아이를 위한 노력이 허사가 되지 않으려면

아이에게 하는 말이나 행동이 어떤 것이든 부모는 아이에게 나름대로 최선의 것을 주려고 노력합니다. 심지어 아이에게 화를 내거나 학대를 하는 순간조차도 나름대로는 최선의 노력을 다하고 있다고 믿는 경우를 흔히 보게 됩니다.

대개 이런 부모들은 자신의 부모가 자신에게 화를 내는 방식이나 학대를 반복하면서, '내 부모가 나한테 했던 것에 비하면, 이건 별 일 아니야'라는 믿음이 형성된 경우가 많습니다. 나의 부모가 비슷한 행동에 대해 열 대를 때렸다면, '나는 다섯 대만 때렸으니, 내가 경험한 것에 비하면 아주 적은 것'이라고 생각하는 것이지요. 이런 경우일지라도 부모는 자신의 아이를 위해서 최선을 다한다고 믿습니다.

참 무서운 일입니다. 아이를 위해 한 행동이 아이 입장에서 너무 싫은 일이라면, 나의 노력이 허사가 될 뿐만 아니라 아이에게 결코 좋은 일이 될 수 없으니까요.

내 부모가 준 것 중 나는 싫었던 것을 아이는 좋아할 수도 있습니다. 내 부모가 준 것 중 내가 좋아했던 것을 아이는 싫어할 수도 있습니다. 내 부모님이 내가 아니듯, 아이는 어린 시절의 내가 아닙니다.

중요한 것은 내 부모의 영향에서 벗어나는 것을 넘어서 나와 아이와의 관계를 새롭게 형성하고, 함께 성장하는 것입니다. 이런 과정은 부모가 자신을 잘 이해하고 있어야 하며, 이러한 부모의 자기 이해는 매우 중요합니다. 하지만 알아차리기 어렵고, 아는 것을 실천하기는 더욱 어렵지요.

부모가 자기 자신을 돌아보고, 이해하기 위한 방법을 소개합니다. 나의 부모와 형성된 감정을 좇아가는 것입니다. 어머니 혹은 아버지와 있었던 일 중에서 너무 싫었거나, 너무 화가 났거나 혹은 너무 좋았거나 너무 행복했던 일을 한 가지 떠올려 보세요. 그리고 다음 중 어떤 감정인지 떠올려 보세요.

그 사건이 어떤 것이었는지 아래에 적어 보세요.

좋은 경험	나쁜 경험

좋은 경험이 많은가요 아니면 나쁜 경험이 많은가요? 나의 부모와 경험했던 사건을 나의 아이와 다시 반복하고 있지는 않은가요?

부정적인 사건들 중 일부는 떠올리기 싫을 정도로 힘든 사건도 있을 수 있습니다. 또는 긍정적인 기억이라고 생각했던 일 중에는 시간이 지나면서 이것이 긍정적인 일인지 의문이 들 수도 있습니다. 내 부모가 나의 거울이라면, 나는 아이의 거울입니다. 나의 아이에게 내 부모와 있었던 일에 대해서 대화해 볼 수 있는 기회를 가지게 된 것입니다. 마치, 거울 속에 비친 나와 대화를 하는 것도 도움이 되듯이, 내 부모와 있던 일에 대해서 우리 아이에게 질문해 보는 것이지요.

아이에게 물어보세요. '너의 부모로서의 나'는 어떤 존재인지, '부모로서 네게 무엇을 해 주면 좋을지' 말입니다. 적어도 이 주나 한 달에 한 번씩 물어보세요. 물론 아이가 원하는 것을 다 들어줄 수는 없습니다. 다만, 이런 종류의 대화는 아이와의 심리적 거리를 줄여 주고 부모로서 나의 모습을 확인하게 해 줍니다.

아이로부터 "왜 엄마 아빠는 자꾸 이상한 걸 물어봐?"라고 질문을 받는다면, 아이와 대화하려는 부모라는 뜻입니다. 아이가 "들어주지도 않을 건데, 왜 묻기만 해?"라고 말한다면, 허용 가능한 선에서 아이의 요구를 잠시나마 들어주어야 한다는 뜻입니다. 가장 심각한 경우는 부모가 이런 질문을 했을 때 아이가 움츠러들거나 긴장하는 모습이 역력한 경우입니다. 자신이 뭔가를 잘못해서 혼난다고 여기고 있는 것이니까요.

우리는 부모로부터 외모나 체격 같은 외적인 것도 물려받지만, 성격이나 양육 태도 같은 심리적인 부분도 물려받습니다. 나의 부모로부터 물려받은 것 중에서 선택할 것과 선택하지 않을 것을 구분해야 합니다.

· 부록 ·

학습몰입검사지

이 검사지는 학습몰입검사를 약식으로 어떤 검사인지 보여 주기 위해 제작되었습니다. 전체 항목을 검사하고 싶으면 한국몰입연구소 홈페이지(http://www.flow.re.kr/index.asp)를 참조해 주세요. 검사지는 오래 생각하지 않고 빠른 시간 안에 솔직하게 응답한 후, 지시에 따라서 표시해 보시기 바랍니다.
다음의 내용들을 읽으면서 '전혀 아니다 1, 아니다 2, 그렇다 3, 매우 그렇다 4'로 표시해 보세요.

구분		내용	전혀 아니다	아니다	그렇다	매우 그렇다
I. 몰입 유형	능동몰입	우리 아이는 학습하는 순간을 즐기며, 시간이 가는 줄 모르고 집중하면서 공부가 끝나면 만족스러워한다.	1	2	3	4
	수동몰입 (과몰입)	우리 아이는 스마트폰, 컴퓨터 게임과 같은 활동을 하면서 시간이 가는 줄 모르는 경우가 많다.	1	2	3	4
II. 최적의 가정 환경	명료성	나는 아이가 어떻게 하기를 바라는지 명확하게 전달한다.	1	2	3	4
	중심성	나는 아이가 평소에 어떤 기분이나 감정을 느끼는지에 관심을 갖는다.	1	2	3	4
	선택성	나는 아이가 책임을 질 수만 있다면, 부모가 세운 규칙도 아이가 바꿀 수 있도록 한다.	1	2	3	4
	신뢰성	아이는 나의 보호 아래 편안함을 느끼고, 자신이 관심을 가지는 것은 무엇이든 참여 가능하다.	1	2	3	4
	도전성	나는 아이에게 점점 더 난이도 높은 행동을 할 수 있도록 허용하고, 그 결과는 같이 책임진다.	1	2	3	4
III. 학습 기초 자원	학원활용	우리 아이가 현재 다니는 학원의 효용성, 활용도는 높은 편이다.	1	2	3	4
	진로성숙	우리 아이는 자신이 하고 싶어하는 직업과 진로가 명확한 편이다.	1	2	3	4
	수면관리	우리 아이는 평소 잠을 잘 자고 있으며, 개운하게 일어난다.	1	2	3	4
	학습효능	공부하는 것에 대한 자신감도 높고, 공부하는 방법을 잘 알고 있다.	1	2	3	4

Ⅳ. 학습 전략	목표설정	성공 확률이 60~70%가량 되는 최적의 목표를 설정하도록 돕는다.	1	2	3	4
	과제분할	과제를 작은 단위로 나누어 아이가 실천할 수 있도록 돕는다.	1	2	3	4
	수업전략	아이가 수업 시간에 잘 집중하도록 격려한다.	1	2	3	4
	노트전략	아이가 노트 필기하도록 격려하고, 방법도 알려 준다.	1	2	3	4
	시간관리	주어진 시간만큼은 집중하려고 노력하도록 한다.	1	2	3	4
	공부환경	공부하는 데 필요한 환경을 조성한다.	1	2	3	4
	기억전략	학습한 내용을 효율적으로 기억할 수 있도록 방법을 알려 준다.	1	2	3	4

지금부터는 앞에 표를 검사한 기록 중에 몰입 유형에 대해서 그래프로 나타내는 공간입니다. 능동몰입과 수동몰입(과몰입) 수준을 검사한 내용을 기초로, 우리 아이가 아래의 4사분면의 어디에 위치하는지 표시해 보세요.

I. 몰입 유형

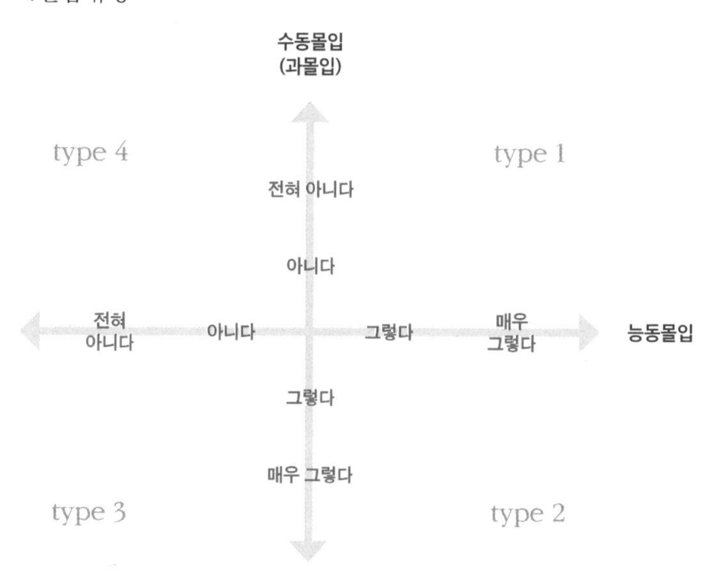

몰입 유형	몰입 유형에 따른 해석 및 제언
Type 1 능동몰입▲ 수동몰입▼	학습에 몰입할 만한 심리적, 정서적 자원이 풍부한 편으로, 대체로 자신이 하는 공부나 과제에 대해 흥미를 가지고 즐거워하는 것으로 보입니다. 학습을 비롯한 자발성이나 적극성이 필요한 과제에 몰입하는 자원은 풍부하고, 별다른 노력 없이 쉽게 즐거움이나 재미를 느낄 수 있는 활동(컴퓨터 게임, 휴대폰, 만화책, 백일몽(=멍때리기), TV 시청, 음악 듣기, 노래방 등)에 대한 몰입은 적은 편입니다. 이처럼 학습 과제에 몰입하는 자원이 풍부하게 형성되어 있기 때문에 짧은 시간을 공부하더라도 효과적인 방식으로 학습하고 있으며, 그에 대한 결과도 좋고 만족감 역시 높아 전반적인 학습 효율성이 높을 것으로 보입니다.
Type 2 능동몰입▲ 수동몰입▲	학습에 몰입할 만한 심리적, 정서적 자원이 풍부하고, 다방면에 걸친 관심도 많은 편입니다. 학습을 비롯한 능동적인 태도나 적극성이 요구되는 과제들에 대한 몰입도가 높을 뿐만 아니라, 컴퓨터 게임이나 휴대폰, 만화책, 백일몽(=멍때리기), TV 시청과 같이 종류는 다양하지만 별다른 노력 없이 쉽게 즐거움이나 재미를 느낄 수 있는 일에도 쉽게 몰입하는 편입니다. 자신에게 중요한 공부나 과제 이외의 다양한 관심사나 취미 활동에 많은 시간을 할애하며 보낼 수 있고, 이로 인해 부모님과의 갈등이 생길 수 있으므로 주의가 필요합니다. 청소년기에 지나치게 어려운 과제를 반복하거나, 지속적으로 실패를 경험하게 될 경우 학습과제에 집중하는 데 어려움을 겪게 됩니다. 따라서, 학습자가 자신이 수행하는 과제를 잘 해낼 수 있으리라는 기대와 실제 수행과의 결과가 일치하지 않는 일이 반복되면, 학습에 몰입하기 보다는 불필요한 활동이 늘어날 가능성이 높아지므로 주의하여야 합니다.

Type 3 능동몰입▼ 수동몰입▲	학습을 비롯한 능동적인 태도나 적극성이 요구되는 과제들에 대한 몰입도가 현저히 저하되어 있는 상태입니다. 반면, 다양한 유형의 게임이나, 만화책 보기, 백일몽(=멍때리기), TV 시청처럼 종류는 다양하지만, 별다른 노력 없이 쉽게 즐거움이나 재미를 느낄 수 있는 일에 쉽게 몰입하는 편입니다. 하루 중 많은 시간을 이런 활동에 사용하고 있을 가능성이 높습니다. 주변에서 보기에(때로는 스스로 느끼기에도) 하는 일 없이 빈둥거리고 있는 것처럼 보일 수 있습니다. 정작 학습자에게 중요한 공부나 과제와 같은 활동에는 적은 시간만을 겨우 투자하거나 소홀히 하고 있을 수 있습니다. 현재 학습량이 줄어들고 있거나 혹은 학습하는 도중에도 잡념이 떠올라 학습에 방해를 받고 있을 가능성이 높습니다. 학습시간 대비 효율성이 현저하게 저하되면서 부모님과 마찰을 빚을 수 있습니다. 보유한 학습 몰입 자원을 능동적이고 적극적인 몰입으로 전환시킬 수 있는 계기의 마련이 필요한 상황으로, 이를 위해 전문가의 도움이 필요할 수 있습니다.
Type 4 능동몰입▼ 수동몰입▼	매사에 무기력하고 의욕, 동기가 부족한 모습을 보일 수 있으며, 학습뿐만 아니라 쉽사리 즐거움을 추구할 수 있는 컴퓨터 게임, 휴대폰, 만화책, 백일몽(=멍때리기), TV 시청, 같은 활동에서조차 즐거움이나 흥미를 느끼지 못하고 있는 무기력한 상황일 수 있습니다. 학습이나 활동들에 대해 질문하면 "그냥 한다" 혹은 "재미있는 것이 없다"거나 "그냥 누워서 자는 게 제일 좋다"와 같이 대답하거나, 멍하니 무기력하게 있는 모습이 자주 관찰될 수 있습니다. 이런 모습은 주변 사람에게 활력이나 생기가 부족하고, 목표가 없는 사람으로 비쳐지기 쉽습니다. 이런 모습이 지속되고 있다면, 의욕 부족, 걱정이나 염려와 같은 정서적 불편감을 경험해 왔을 가능성이 큽니다. 신속한 심리 치료적 개입이나 도움이 필요할 수 있으며, 인근의 심리 및 정신치료기관에서 도움을 받는 것이 바람직합니다.

위에 표시한 내용을 기초를 하여 다음의 표에 '전혀 아니다'에서 '매우 그렇다'까지 칸을 색칠해 보세요.

Ⅱ. 최적의 가정 환경

구분	전혀 아니다	아니다	그렇다	매우 그렇다
명료성				
중심성				
선택성				
신뢰성				
도전성				

몰입형 성격 형성을 위한 가정 환경	몰입형 성격(자기 목적적 성격 Autotelic Personality)이란, '자신이 하는 활동을 있는 그 자체로 즐기고 좋아하는' 성격을 의미합니다. 5가지 요소(명료성, 중심성, 선택성, 신뢰성, 도전성)들의 총합으로 형성되며, 이러한 성격은 가정 내 부모의 훈육과 자녀와의 상호작용에 의해서 형성된다고 알려져 있습니다. 몰입형 성격 수준이 높을수록, 책임감이 높고 자신이 하는 일에 더 잘 몰입할 수 있으며, 더 행복하게 살 수 있습니다.

'아니다'와 '전혀 아니다'에 해당되는 항목이 있는 경우, 자녀와의 관계를 개선하는데 노력을 기울여야 합니다
그리고 '모두 그렇다'와 '매우 그렇다'에 해당하는데, 아이가 몰입하는데 어려움을 겪는 경우라면, 가정 환경에 대한 부모와 자녀의 생각이 다르거나, 자녀가 기질적으로 매우 까다롭고 예민해서 더 전문적인 양육방법과 섬세한 접근이 필요할수 있습니다.

Ⅲ. 학습 기초자원

구분	전혀 아니다	아니다	그렇다	매우 그렇다
학원활용				
진로성숙				
수면관리				
학습효능				

집중이나 몰입은 다른 사람들의 도움을 받아야 할 때도 있고, 마법같은 방법을 통해서 이루어지지는 않습니다. 주변 환경이나 기본적인 생활 리듬이 잘 갖추어져야 합니다.
'아니다'와 '전혀 아니다'에 해당되는 항목이 있는 경우, 기본적인 학습기초자원이 잘 활용될 수 있도록 노력을 기울여야 합니다.

Ⅳ. 학습 전략

구분	전혀 아니다	아니다	그렇다	매우 그렇다
목표설정				
과제분할				
수업전략				
노트전략				
시간관리				
공부환경				
기억전략				

집중이나 몰입을 위해서는 다양한 공부 방법이나 기술이 필요합니다. 이를 위해서는 여러 경로를 통해 공부하는 방법을 배워야 합니다. 공부 방법의 기초는 부모에게 배우는 것이 좋습니다. 부모가 자녀에게 알려주는 공부 방법을 부모의 학습 관여라고 부르기도 합니다.
'아니다'와 '전혀 아니다'에 해당되는 항목이 있는 경우, 공부에 대한 압박으로 아이와의 관계를 망치지 않는 한도 내에서 공부법을 알려 주는 것이 필요합니다.

집중력 전문가의 4단계 집중력 향상 솔루션

산만한 아이 집중력 키우는 법

1판 1쇄 2022년 8월 24일
1판 2쇄 2023년 9월 7일

지은이 한근영
펴낸이 유경민 노종한
기획편집 유노라이프 박지혜 구혜진 **유노북스** 이현정 함초원 조혜진 **유노책주** 김세민 이지윤
기획마케팅 1팀 우현권 이상운 **2팀** 정세림 유현재 정혜윤 김승혜
디자인 남다희 홍진기
기획관리 차은영
펴낸곳 유노콘텐츠그룹 주식회사
법인등록번호 110111-8138128
주소 서울시 마포구 월드컵로20길 5, 4층
전화 02-323-7763 **팩스** 02-323-7764 **이메일** info@uknowbooks.com

ISBN 979-11-91104-46-2 (13590)

• — 책값은 책 뒤표지에 있습니다.
• — 잘못된 책은 구입한 곳에서 환불 또는 교환하실 수 있습니다.
• — 유노북스, 유노라이프, 유노책주는 유노콘텐츠그룹의 출판 브랜드입니다.